DEUTSCHE AKADEMIE
DER LANDWIRTSCHAFTSWISSENSCHAFTEN ZU BERLIN

ALBRECHT-THAER-ARCHIV

Arbeiten aus den Gebieten

Bodenkunde

Pflanzenernährung

Acker- und Pflanzenbau

Band 5

JAHRESINHALTSVERZEICHNIS

1961

AKADEMIE-VERLAG · BERLIN

Herausgegeben von der
Deutschen Akademie der Landwirtschaftswissenschaften zu Berlin

Schriftleitung: Prof. Dr. agr. habil. E. PLACHY

Redaktion: Dipl.-Landw. R. STUBBE

Begründet von der
Landwirtschaftlich-Gärtnerischen Fakultät
der Humboldt-Universität zu Berlin

Das Albrecht-Thaer-Archiv erscheint in Heften mit einem Umfang von je 5 Druckbogen (80 Seiten). Die innerhalb eines Jahres herausgegebenen 10 Hefte bilden einen Band. Das letzte Heft jedes Bandes enthält Inhalts- und Sachverzeichnis.

Der Bezugspreis beträgt 5,— DM je Heft.

Die Schriftleitung nimmt nur Manuskripte an, deren Gesamtumfang 25 Schreibmaschinenseiten nicht überschreitet und die bisher noch nicht, auch nicht in anderer Form, im In- oder Ausland veröffentlicht wurden. Jeder Arbeit ist ferner eine Zusammenfassung mit den wichtigsten Ergebnissen, wenn möglich auch in russischer und englischer bzw. französischer Sprache, beizufügen. Gegebenenfalls erfolgt die Übersetzung in der Akademie.

Manuskripte sind zu senden an die Schriftleitung, Deutsche Akademie der Landwirtschaftswissenschaften zu Berlin, Berlin W 8, Krausenstr. 38—39.

Die Autoren erhalten Fahnen- und Umbruchabzüge mit befristeter Terminstellung. Bei Nichteinhaltung der Termine erteilt die Redaktion Imprimatur.

Jeder Autor erhält unentgeltlich 100 Sonderdrucke und ein Honorar von 40,— DM für den Druckbogen. Das Honorar schließt auch die Urheberrechte für das Bildmaterial ein. Dissertationen, auch gekürzte bzw. geänderte, werden nicht honoriert.

Verlag: Akademie-Verlag GmbH, Berlin W 8, Leipziger Str. 3—4, Fernruf 22 0441, Telex-Nr. 011 773, Postscheckkonto: Berlin 350 21. Bestellnummer: 1051/5. Veröffentlicht unter der Lizenz-Nummer ZLN 5014 des Ministeriums für Kultur. Herstellung: Druckhaus „Maxim Gorki", Altenburg.

INHALTSVERZEICHNIS

Band 5 – 1961

Seite

Seite

Seite

SACHVERZEICHNIS

Band 5 — 1961

DEUTSCHE AKADEMIE
DER LANDWIRTSCHAFTSWISSENSCHAFTEN ZU BERLIN

ALBRECHT-THAER-ARCHIV

Arbeiten aus den Gebieten

Bodenkunde
Pflanzenernährung
Acker- und Pflanzenbau

Band 5 · Heft 1
1961

AKADEMIE-VERLAG · BERLIN

Herausgegeben von der
Deutschen Akademie der Landwirtschaftswissenschaften zu Berlin

Schriftleitung: Prof. Dr. agr. habil. E. PLACHY

Redaktion: Dipl.-Landw. R. STUBBE

Begründet von der
Landwirtschaftlich-Gärtnerischen Fakultät
der Humboldt-Universität zu Berlin

Das Albrecht-Thaer-Archiv erscheint in Heften mit einem Umfang von je 5 Druckbogen (80 Seiten). Die innerhalb eines Jahres herausgegebenen 10 Hefte bilden einen Band. Das letzte Heft jedes Bandes enthält Inhalts- und Sachverzeichnis.

Der Bezugspreis beträgt 5,— DM je Heft.

Die Schriftleitung nimmt nur Manuskripte an, deren Gesamtumfang 25 Schreibmaschinenseiten nicht überschreitet und die bisher noch nicht, auch nicht in anderer Form, im In- oder Ausland veröffentlicht wurden. Jeder Arbeit ist ferner eine Zusammenfassung mit den wichtigsten Ergebnissen, wenn möglich auch in russischer und englischer bzw. französischer Sprache, beizufügen. Gegebenenfalls erfolgt die Übersetzung in der Akademie.

Manuskripte sind zu senden an die Schriftleitung, Deutsche Akademie der Landwirtschaftswissenschaften zu Berlin, Berlin W 8, Krausenstr. 38—39.

Die Autoren erhalten Fahnen- und Umbruchabzüge mit befristeter Terminstellung. Bei Nichteinhaltung der Termine erteilt die Redaktion Imprimatur.

Jeder Autor erhält unentgeltlich 100 Sonderdrucke und ein Honorar von 40,— DM für den Druckbogen. Das Honorar schließt auch die Urheberrechte für das Bildmaterial ein. Dissertationen, auch gekürzte bzw. geänderte, werden nicht honoriert.

Verlag: Akademie-Verlag GmbH, Berlin W 8, Leipziger Str. 3—4, Fernruf 22 04 41, Telex-Nr. 011 773, Postscheckkonto: Berlin 350 21. Bestellnummer dieses Heftes: 1051/5/1. Kartengenehmigung: MdI der DDR Nr. 6201/K 11. Veröffentlicht unter der Lizenz-Nummer ZLN 5014 des Ministeriums für Kultur, Hauptverwaltung Verlagswesen. Herstellung: Druckhaus „Maxim Gorki", Altenburg.

DEUTSCHE AKADEMIE
DER LANDWIRTSCHAFTSWISSENSCHAFTEN ZU BERLIN

ALBRECHT-THAER-ARCHIV

Arbeiten aus den Gebieten

Bodenkunde

Pflanzenernährung

Acker- und Pflanzenbau

Schriftleitung:
Prof. Dr. agr. habil. E. PLACHY

BAND 5 · HEFT 1

1961

AKADEMIE-VERLAG · BERLIN

INHALT

Aus dem Institut für Gartenbau Großbeeren
der Deutschen Akademie der Landwirtschaftswissenschaften zu Berlin
(Direktor: Prof. Dr. J. REINHOLD)

Th. GEISSLER, W. HIRTE und H. DÖRING

Untersuchungen über die Ursache der Phosphatfestlegung auf Niedermoorboden

I. Mitteilung: Vegetationsversuche

Eingegangen: 3. 6. 1960

Die stark ausgeprägten Wechselwirkungen zwischen Boden und Phosphatdünger, die zu einer Verringerung der Pflanzenverfügbarkeit zugeführter Phosphatmengen führen, sind sowohl chemischer, physikalischer als auch biologischer Natur. Diese insgesamt als Phosphatfestlegung bezeichneten Vorgänge im Boden standen in den letzten Jahrzehnten im Mittelpunkt zahlreicher Untersuchungen, da sie die Wirtschaftlichkeit der Phosphatdüngeranwendung in erheblichem Maße beeinflussen; rechnet man doch durchschnittlich nur mit einem Verwertungsgrad bei Phosphatdüngern von etwa 10 bis 20% durch die Pflanze (6, 13). Die genaue Kenntnis der zur Phosphatfestlegung führenden Vorgänge im Boden ist die Voraussetzung zur Einleitung von Bodenpflege- und Düngungsmaßnahmen, die über eine bessere Phosphatdüngerverwertung zu einer Ertragssteigerung oder auch Senkung der Produktionskosten im landwirtschaftlichen und gartenbaulichen Pflanzenbau führen können.

Die zu diesen Fragen durchgeführten umfangreichen Arbeiten wurden in letzter Zeit verschiedentlich zusammenfassend dargestellt (2, 3, 16, 19), wobei jedoch noch einige Fragen offen blieben. U. a. ist der Wirkungsmechanismus der Phosphatfestlegung auf Moorböden mit einem hohen Anteil an organischer Substanz noch nicht befriedigend geklärt. Von KAILA wurden verschiedene Untersuchungen an finnischen Moorböden von überwiegendem Hochmoortypus durchgeführt (9, 10). Über die in Deutschland, insbesondere im Mecklenburger und Brandenburger Raum, viel in landwirtschaftlicher Nutzung befindlichen Niedermoorböden fehlten bisher noch entsprechende Untersuchungen. In mehreren früheren Arbeiten konnte gezeigt werden, daß gerade Niedermoorböden vielfach ein ausgeprägtes Phosphatfestlegungsvermögen aufweisen (4, 5, 14a). Im Institut für Gartenbau Großbeeren wurde deshalb in den letzten Jahren ein dortiger Niedermoorboden, der sich seit etwa 30 Jahren in ackerbaulicher Nutzung befindet, eingehenden Untersuchungen über den Charakter der auf ihm stattfindenden Phosphatfestlegung unterzogen, deren Ergebnisse im folgenden mitgeteilt werden sollen. Entsprechende Untersuchungen an weiteren Böden sind eingeleitet und sollen demnächst in der Veröffentlichung folgen.

Bodencharakteristik

Bei dem untersuchten Boden handelt es sich um die etwa 20 cm starke vererdete Krume eines flachgründigen Niedermoors von etwa 50 cm Mächtigkeit auf einem um 10 cm schwankenden Tonband und darunterliegendem Talsand. Der Zersetzungsgrad, ausgedrückt als Humifizierungszahl (H. Z.), liegt bei etwa 4,5. Der Mineralanteil in Form von feinkörnigem Sand beträgt rund 50% der Trockenmasse. Die Nutzung erfolgte seit etwa 30 Jahren ackerbaulich, in den letzten Jahren vorwiegend mit Gemüsepflanzen. Der Grundwasserstand schwankte in den letzten Jahren infolge ungünstiger Vorflutverhältnisse zwischen 30 bis 50 cm. Die chemische Untersuchung ergab folgende Werte:

Tabelle 1

Nährstoffgehalt des Großbeerener Niedermoorbodens in % bzw. in mg/100 g trockenen Bodens

pH in KCl	6,4	P_2O_5 laktatlöslich 25 mg/100 g
C	17,7%	K_2O laktatlöslich 28 mg/100 g
Gesamt-N	1,7%	
CaO	2,92%	
Gesamt-P_2O_5	0,35%	
Fe_2O_3 (HNO_3-löslich)	0,6 bis 2,7%	

Da bei einer Trocknung des Niedermoorbodens starke Entmischungen sowie schwer reversible Veränderungen auftraten, wurden alle chemischen Bestimmungen im frischen Zustand vorgenommen und die Ergebnisse nachher auf Trockensubstanz umgerechnet.

Bei einer nur leicht sauren bis annähernd neutralen Reaktion fällt der hohe Kalk- und Eisengehalt auf, wobei letzterer zum großen Teil in sehr aktiver, gut löslicher Form vorliegt. In den Entwässerungsgräben sind stets große Mengen frischgefällten, rotbraunen Eisenoxydhydrates zu finden. Dem verhältnismäßig großen laktatlöslichen Phosphatgehalt entspricht nicht die in Vegetationsversuchen gefundene geringe Pflanzenverfügbarkeit, die in Gefäßversuchen mit Spinat nur in Höhe von 3,8 mg P_2O_5 je 100 g gefunden wurde (5). Ebenso wurde bereits in früheren Versuchen das starke Festlegungsvermögen für zugeführte Düngerphosphate ermittelt (4, 5, 14a).

Versuchsdurchführung

Ziel der Versuche war, das Zusammenwirken von chemischen, chemosorptiven und mikrobiologischen Vorgängen in diesem Niedermoorboden zu klären, von dem die Pflanzenverfügbarkeit zugeführter Düngerphosphate abhängig ist. Dazu wurden Vegetationsversuche mit Tomaten und Spinat als hierfür gut geeigneten Testpflanzen in Mitscherlichgefäßen in bekannter Weise durchgeführt, die durch entsprechende chemische und mikrobiologische Untersuchungen ergänzt wurden. Während in vorliegender Mitteilung über die Vegetationsversuche sowie die sie ergänzenden mikrobiologischen Untersuchungen berichtet werden soll, wird auf die Ergebnisse der chemischen Untersuchungen des Niedermoorbodens in einer weiteren Mitteilung näher eingegangen.

Zu den Gefäßversuchen wurde der Niedermoorboden im Volumenverhältnis 1:1 mit Quarzsand verdünnt (je Gefäß 2 kg Niedermoorboden und 3,5 kg Quarzsand). Neben den Ertragsfeststellungen wurde die P_2O_5-Aufnahme der Pflanzen ermittelt (P_2O_5 wurde kolorimetrisch in der Pflanzenasche nach der Vanadatmethode bestimmt). Der Verwertungsgrad der zugegebenen Phosphatdünger wurde konventionell aus dem Verhältnis zwischen zugegebenen und aufgenommenen P_2O_5-Mengen (unter Abzug der P_2O_5-Aufnahme in den vergleichbaren Gefäßen ohne Phosphatdüngung) berechnet. Als Phosphatdünger wurde ausschließlich pulverförmiges Superphosphat verwendet. Die Düngungsvarianten, die sämtlich mit 4 Parallelen gegeben wurden, waren

1. ohne Phosphatdüngung,
2. 0,2 g P_2O_5 je Gefäß als Superphosphat gleichmäßig dem Boden untergemischt,
3. 0,2 g P_2O_5 je Gefäß als Superphosphat in 6 cm Tiefe eingeschichtet,

während die Grunddüngung in allen Fällen 1 g N als NH_4NO_3, 1 g K_2O als K_2SO_4 sowie eine Mg- und spurenelementhaltige Grundlösung umfaßte. Der Vergleich von Düngungsvariante 1 und 2 sollte zur Kennzeichnung der P_2O_5-Düngungsbedürftigkeit überhaupt dienen, während die Differenz im Ertrag sowie in der P_2O_5-Aufnahme zwischen 2 und 3 den Grad der Phosphatfestlegung im Boden darstellen sollte, d. h., letztere ist um so höher, je mehr die beiden Größen durch die plazierte Düngung nach 3 erhöht werden (4).

Da sich in Vorversuchen gezeigt hatte, daß eine partielle Sterilisation des Niedermoorbodens dessen phosphatfestlegende Eigenschaften deutlich beeinflußte, wurden die Gefäßversuche mit unterschiedlich vorbehandeltem Boden durchgeführt. Neben unbehandeltem Boden wurde solcher verwendet, der vor der Bestellung durch ein 30 min dauerndes Erhitzen mit Niederdruckdampf auf 95° C gebracht worden war und im folgenden kurz als gedämpfter Boden bezeichnet wird. Um zwischen einer eventuellen Wirkung der Temperaturerhöhung sowie der der partiellen Sterilisation unterscheiden zu können, wurde ferner ein Teil des Bodens durch Zugabe von 0,4 ml Chlorpikrin je Liter Boden auf chemischem Wege partiell sterilisiert, ohne daß dabei die Temperatur verändert worden wäre. Die durch die Chlorpikrinbehandlung erfolgte zusätzliche N-Zufuhr in Höhe von 170 mg N je Gefäß wirkte sich bei der insgesamt sehr reichlichen N-Versorgung nicht besonders auf die Ertragsbildung aus, wie sich in entsprechenden Untersuchungen zeigte. Beide Verfahren finden auch in der Praxis des gärtnerischen Pflanzenbaus Anwendung (1, 11); es wird bei ihnen zwar der überwiegende Teil der vorhandenen Mikroorganismen im Boden kurzfristig abgetötet, doch erfolgt nach der Behandlung teils aus Dauerformen heraus, teils durch Neuinfektion sehr rasch eine zunächst luxurierende Neubesiedlung.

Weiterhin wurde Boden einer praktisch totalen Sterilisation unterzogen, indem er an drei aufeinanderfolgenden Tagen je 60 min lang auf 120° C im Autoklaven bei 1,2 atü erhitzt wurde, bei der die mikrobielle Wiederbesiedlung viel langsamer erfolgt. Dieser Boden wird im folgenden kurz als sterilisiert bezeichnet. Um die Dauer der Nachwirkung der verschiedenen Bodenbehandlungen zu erfassen, wurde der Abstand zwischen den Behandlungen und der nachfolgenden Bestellung mit Pflanzen zwischen 1 und 13 Wochen variiert, außerdem in verschiedenen Fällen eine Zweitfrucht in die Gefäße gebracht, so daß die Wirkung auf das Pflanzenwachstum während einer gesamten Vegetationsperiode von 6 bis 7 Monaten verfolgt werden konnte.

In einem speziellen Versuch wurde auf Grund der Ergebnisse von JAHN (8) die Wirkung einer Ansäuerung des Niedermoorbodens auf die Phosphatfestlegung überprüft und mit der einer partiellen Sterilisation verglichen. Es wurden dazu je

Liter Boden 2 ml konzentrierte H_2SO_4 in 100 ml H_2O verdünnt zugesetzt und der pH-Wert dadurch von 6,4 auf 4,8 heruntergedrückt.

Von dem Niedermoorboden in den Gefäßen wurden während der Vegetationszeit wiederholt Proben genommen und mikrobiologisch und chemisch untersucht.

Zur Erfassung der Mikroorganismentätigkeit wurden einmal die Keimzahlen nach dem KOCHschen Gußplattenverfahren ermittelt. Die Bakterien wurden auf Glycerin-Pepton-Agar (pH-Wert: 7,0) bestimmt, die Pilze auf 2%igem Würzeagar, pH-Wert 4,6. Weiterhin wurde die Dehydrogenase-Aktivität nach LENHARD (14), abgeändert nach HIRTE (7), gemessen.

Die zur Deutung bestimmter biologischer Vorgänge erforderliche Humusbestimmung wurde nach SPRINGER (18) durchgeführt, wobei die Messung mit dem PULFRICH-Photometer erfolgte. Auf die Methodik der chemischen Trennung und Erfassung der einzelnen Phosphorsäurefraktionen soll später in der II. Mitteilung im Zusammenhang mit der Besprechung der chemischen Untersuchungen näher eingegangen werden.

Ergebnisse der Vegetationsversuche

Die vergleichenden Gefäßversuche mit unbehandeltem, gedämpftem, mit Chlorpikrin behandeltem sowie sterilisiertem Niedermoorboden wurden mit den Versuchspflanzen Tomate und Spinat in zwei Jahren wiederholt. Aus den im wesentlichen übereinstimmenden Ergebnissen seien hier die im Frühjahr 1958 zu Tomate erzielten näher besprochen, da sie als besonders typisch gelten können. Die jeweiligen Bodenbehandlungen wurden einmal 12, zum anderen 3 Wochen vor der Bestellung mit Pflanzen vorgenommen. Die Abdüngung erfolgte nach dem eingangs genannten Schema wenige Tage vor dem Bepflanzen der Gefäße, bei dem wenige Tage alte Tomatensämlinge (10 St./Gefäß) in den Boden pikiert wurden. Die Düngerzufuhr erfolgte also nach der jeweiligen Bodenbehandlung. Die Aberntung wurde 50 Tage nach dem Bepflanzen der Gefäße vorgenommen; einen Eindruck vom Entwicklungsstand der Tomaten zu diesem Zeitpunkt auf dem unbehandelten Boden vermittelt Abbildung 1. Die wichtigsten zu diesem Versuch erzielten Ergebnisse sind in Tabelle 2 aufgeführt.

Die Signifikanz der durch die Düngungsvarianten verursachten Ertragsunterschiede ist so deutlich, daß auf die Wiedergabe der einzelnen p%-Werte verzichtet sei. Lediglich für die Differenzen zwischen den beiden P_2O_5-Düngungsformen bei den 3 Wochen vor der Bestellung gedämpften und mit Chlorpikrin behandelten Böden ist $p\,\% > 5$, der Unterschied also nicht statistisch sicher.

Abb. 1: Tomatenpflanzen 50 Tage nach dem Pikieren auf unbehandeltem Niedermoorboden

V. l. n. r.: Ohne P_2O_5 – 0,2 g P_2O_5 untergemischt – 0,2 g P_2O_5 eingeschichtet

Tabelle 2

Ergebnisse der Gefäßversuche zu Tomatenpflanzen bei unterschiedlicher Bodenbehandlung und Phosphatdüngung im Frühjahr 1958

Bodenbehandlung	Düngung	Trockengewichte g/Gefäß	% von „untergemischt“	% von „unbehandelt“	P_2O_5-% der Trockensubstanz	P_2O_5-Aufnahme mg/Gefäß	Verwertung der zugegebenen Dünger-P_2O_5 in %
Unbehandelt	Ohne P_2O_5	2,31 ± 0,48	26	100	0,48	11	—
	P_2O_5 untergemischt	8,76 ± 0,50	100	100	0,45	39	14
	P_2O_5 eingeschichtet	12,37 ± 0,73	141	100	0,50	62	26
Gedämpft	Ohne P_2O_5	3,56 ± 0,42	17	154	0,39	14	—
a) 3 Wochen	P_2O_5 untergemischt	21,50 ± 1,15	100	246	0,44	94	40
vor Bestellung	P_2O_5 eingeschichtet	24,08 ± 0,50	112	195	0,39	95	41
b) 12 Wochen	Ohne P_2O_5	4,41 ± 0,15	38	191	0,53	23	—
vor Bestellung	P_2O_5 untergemischt	11,43 ± 0,90	100	130	0,53	60	19
	P_2O_5 eingeschichtet	22,75 ± 0,78	199	184	0,47	107	42
Chlorpikrin	Ohne P_2O_5	8,78 ± 0,90	44	380	0,36	31	—
a) 3 Wochen	P_2O_5 untergemischt	19,88 ± 1,10	100	227	0,48	95	32
vor Bestellung	P_2O_5 eingeschichtet	20,63 ± 1,00	104	167	0,49	101	35
b) 12 Wochen	Ohne P_2O_5	4,25 ± 0,30	30	184	0,43	18	—
vor Bestellung	P_2O_5 untergemischt	13,90 ± 1,65	100	160	0,49	69	26
	P_2O_5 eingeschichtet	21,10 ± 0,50	151	171	0,48	101	42
Sterilisiert	Ohne P_2O_5	1,98 ± 0,15	25	86	0,50	10	—
a) 3 Wochen	P_2O_5 untergemischt	7,78 ± 0,52	100	89	0,49	38	14
vor Bestellung	P_2O_5 eingeschichtet	11,31 ± 2,5	145	91	0,50	57	24
b) 12 Wochen	Ohne P_2O_5	1,55 ± 0,10	19	67	0,47	7	—
vor Bestellung	P_2O_5 untergemischt	8,15 ± 0,92	100	93	0,47	38	16
	P_2O_5 eingeschichtet	22,55 ± 2,10	276	182	0,48	108	51

Während ohne P_2O_5-Zufuhr nur 26% des Ertrages einer üblichen, gleichmäßig verteilten Phosphatdüngung erreicht wurden, brachte die plazierte Einbringung eine weitere Ertragssteigerung von 41% und eine Erhöhung der Verwertung der zugeführten Düngerphosphate um beinahe das Doppelte (von 14 auf 26%).

Die partielle Sterilisation des Niedermoorbodens durch Dämpfung hatte zunächst eine allgemeine Erhöhung der Erträge zur Folge; in den 3 Wochen vor der Bestellung behandelten Varianten betrug sie bei den Trockengewichten im Mittel aller Düngungsvarianten 209% (die Frischgewichte verhielten sich entsprechend), in den 12 Wochen vorher behandelten Varianten im Mittel aller Düngungen 164% gegenüber den Erträgen auf unbehandeltem Boden. Es zeigte sich also nach 12 Wochen bereits eine nachlassende Tendenz.

Diese Ertragssteigerung ist höchstwahrscheinlich nicht auf eine Mobilisierung im Boden gebundener Phosphate zurückzuführen, da das Verhältnis zwischen den „ohne P_2O_5" erzielten Erträgen und denen mit gleichmäßig verteilter Phosphatdüngung nicht wesentlich verändert wurde. Dagegen war die Wirkung der plazierten Phosphateinbringung unterschiedlich: In der kurz vorher behandelten Variante wurde durch sie keine wesentliche Ertragssteigerung oder Verbesserung der Verwertung der Düngerphosphate erzielt, während sie in der 12 Wochen vorher behandelten Variante ähnlich dem unbehandelten Boden zu stärkeren Ertragssteigerungen und verbesserter Düngerverwertung gegenüber der gleichmäßigen Düngerverteilung führte. Ein Vergleich der absoluten Ertragshöhe zeigt jedoch, daß diese Unterschiede durch das Zurückgehen der Erträge und der Düngerverwertung bei der gleichmäßig verteilten Phosphatdüngung längere Zeit nach der Dämpfung verursacht wird, während die Wirkung der plazierten Düngung zunächst unverändert bleibt. Es zeigt sich also, daß die Festlegung zugeführter Düngerphosphate auf Niedermoorboden durch eine partielle Sterilisation in Form einer Dämpfung vorübergehend abgeschwächt wird, sich aber nach einem Zeitraum von über 12 Wochen das ursprüngliche Verhalten in dieser Hinsicht wieder einzustellen beginnt. Das zu diesem Zeitpunkt immer noch gehobene Ertragsniveau muß auf andere Faktoren zurückgeführt werden, insbesondere kann das bessere Stickstoffangebot auf gedämpften Böden hier zur Erklärung herangezogen werden.

Zur Klärung der Frage, ob es sich bei der Beeinflussung der phosphatfestlegenden Eigenschaften des Niedermoorbodens durch Dämpfung um eine reine Temperaturwirkung handelt oder ob die partielle Sterilisation und die sich daraus ergebende nachfolgende „luxurierende" Mikroflora des Bodens dafür verantwortlich zu machen sei, wurde gleichzeitig eine partielle Sterilisation auf chemischem Wege mit Chlorpikrin (ohne Temperaturveränderung) geprüft.

Betrachten wir die bei diesen Varianten erzielten Ergebnisse, so fällt die weitgehende Übereinstimmung mit denen bei der Dämpfung auf. Die mittlere Ertragserhöhung der Trockengewichte betrug 3 Wochen nach der Behandlung 210%, 12 Wochen nachher 167%. Die Beeinflussung der Phosphatfestlegung als Summeneffekt verläuft ebenfalls in genau der gleichen Richtung, wenn auch die absoluten Zahlen natürlich nicht völlig übereinstimmen. 3 Wochen nach der Behandlung mit Chlorpikrin ist die Phosphatfestlegung wesentlich abgeschwächt, dagegen hat sie 12 Wochen danach die ursprüngliche Höhe fast wieder erreicht. Der entsprechende Faktor scheint also die Abtötung der vorhandenen Mikroflora und die nachfolgende verstärkte mikrobielle Wiederbesiedlung zu sein; mit der Wiedereinstellung des ursprünglichen mikrobiellen Zustandes treten auch die ursprünglichen phosphatfestlegenden Eigenschaften des Bodens zunehmend wieder auf.

Abb. 2: Tomatenpflanzen 50 Tage nach dem Pikieren bei gleichmäßig untergemischter Phosphatdüngung

V. l. n. r.: Unbehandelter — gedämpfter — mit Chlorpikrin behandelter — sterilisierter Niedermoorboden

Die praktisch totale Sterilisation des Niedermoorbodens im Autoklaven schien jedoch grundsätzlich andere Wirkungen zu verursachen als die beiden vorgenannten partiellen Sterilisationen.

Dies zeigt auch Abbildung 2, in der der Stand der Tomatenpflanzen kurz vor der Aberntung auf den verschieden behandelten Böden zu sehen ist, wobei die 3 Wochen vor Bestellung behandelten Varianten mit gleichmäßig untergemischter Phosphatdüngung gewählt wurden. Bei der Bestellung 3 Wochen nach der totalen Sterilisation wird nur ein niedrigeres mittleres Ertragsniveau als auf unbehandeltem Boden erzielt (90% bei den Trockengewichten), eine ertragsteigernde Wirkung war erst bei der Bestellung 12 Wochen später zu beobachten (138%). Ein Einfluß auf die Phosphatfestlegung ist gar nicht festzustellen. Auffällig ist ferner, daß die plazierte Düngereinbringung zwar bei beiden Varianten zu Ertragserhöhung und verbesserter Düngerverwertung führt, aber bei der Bestellung 12 Wochen nach der Behandlung in wesentlich stärkerem Ausmaß als bei der Bestellung 3 Wochen nachher.

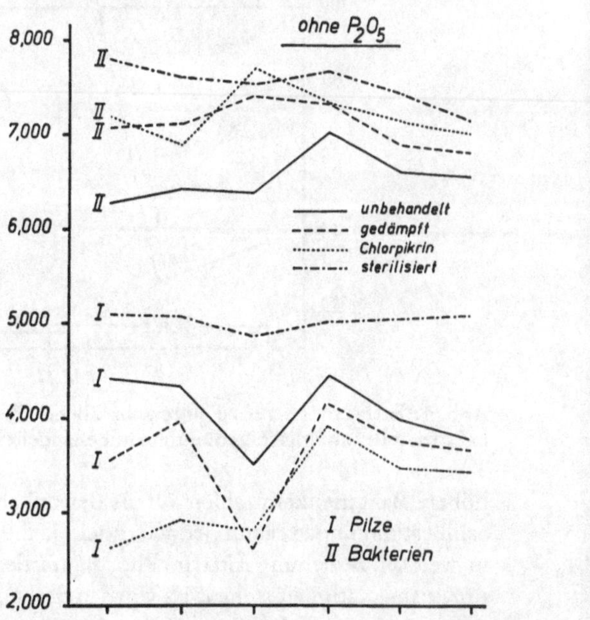

Abb. 3: Keimgehalt von verschieden behandeltem Niedermoorboden in Gefäßen ohne Phosphatdüngung. Termin der Bodenbehandlung: 23. 4. 1958

Wie Abbildung 3 zeigt, sind die Keimzahlen bei den Bakterien im total sterilisierten Boden meist höher als in den partiell sterilisierten Böden, und in diesem sind sie wieder höher als im unbehandelten Boden. Für die Pilze trifft nur ersteres zu; im unbehandelten Boden liegen die Keimzahlen über denen in den partiell sterilisierten Böden. Die stärkere Mikroorganismentätigkeit im sterilisierten Boden könnte eine verstärkte biologische Festlegung zur Folge gehabt haben, insbesondere durch die stark gesteigerte Pilztätigkeit. Pilze benötigen ja mehr P_2O_5 zum Körperaufbau als Bakterien und Actinomyceten (9). Die partiell sterilisierten Böden weisen nur

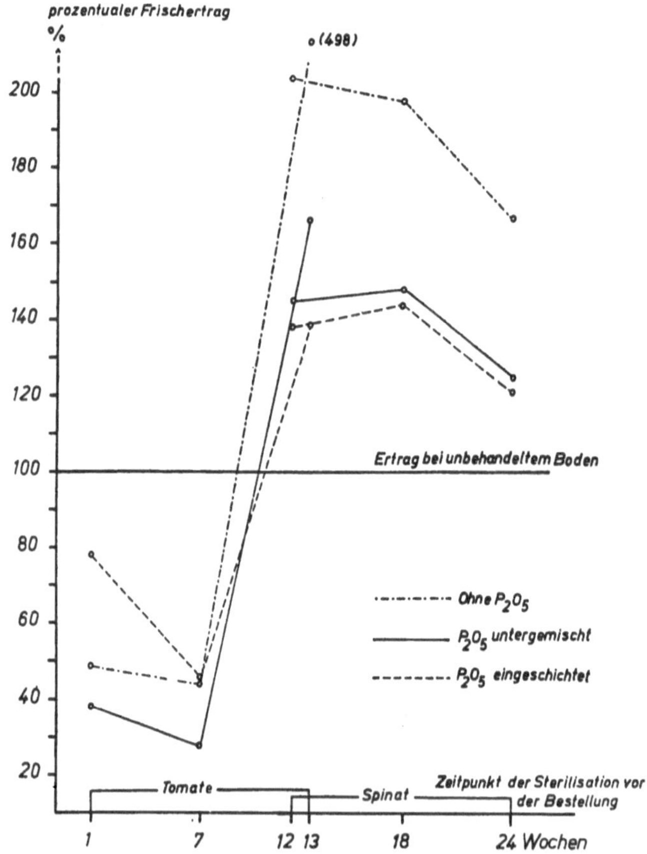

Abb. 4: Ertragshöhe auf zu unterschiedlichen Zeitpunkten sterilisierten Niedermoorböden in Prozent der auf gleich gedüngtem unbehandelten Boden erzielten Erträge (Frischgewichte)

höhere Bakterienkeimzahlen auf als der unbehandelte Boden. Auf Grund der Keimzahlbestimmungen kann jedoch noch keine genaue Erklärung gegeben werden, in welcher Beziehung Ertrag, Phosphatfestlegung bzw. -mobilisierung und Mikroorganismentätigkeit stehen. Es wurden deshalb hierzu noch spezielle Modellversuche durchgeführt, auf die später näher eingegangen werden wird.

Der Vegetationsversuch mit den relativ säureverträglichen Tomatenpflanzen, der zum Vergleich der Wirkung einer 2 Wochen vor der Bepflanzung vorgenommenen Ansäuerung des Niedermoorbodens mit H_2SO_4 (von pH 6,4 bis auf pH 4,8) mit einer zum gleichen Zeitpunkt vorgenommenen partiellen Sterilisation durch Dämpfung durchgeführt worden war, brachte die in Tabelle 3 dargestellten Ergebnisse.

Die Ansäuerung führte ebenfalls zu einer Erhöhung der Erträge, die im Mittel bei den Trockengewichten 118% der auf unbehandeltem Boden betrug, während die Dämpfung die Trockenerträge bis auf 145% steigerte. In den Gefäßen ohne P_2O_5-Düngung waren die Erträge bei beiden Behandlungsformen praktisch etwa doppelt so hoch wie auf unbehandeltem Boden, während in den Gefäßen mit plazierter Phosphatdüngung bei allen drei Behandlungsvarianten im Rahmen der Fehlergrenzen die gleichen Erträge und auch die gleiche Phosphatdüngerverwertung erzielt wurden. Bei gleichmäßig untergemischter Phosphatdüngung wurden die Trockenerträge durch Ansäuerung auf 158%, bei Dämpfung dagegen auf 246% gegenüber unbehandelt erhöht. Die Phosphatdüngerverwertung stieg dementsprechend von 10% bei „unbehandelt" auf 17% bei „angesäuert" und auf 30%

Abb. 5: Tomatenpflanzen 42 Tage nach dem Pikieren bei gleichmäßig untergemischter Phosphatdüngung
V. l. n. r.: Unbehandelter — 1 Woche — 7 Wochen — 13 Wochen vor dem Pikieren sterilisierter Niedermoorboden

bei „gedämpft". Es zeigte sich also eindeutig, daß durch die Ansäuerung zwar die allgemeine Phosphatverfügbarkeit im Boden ebenfalls erhöht wurde, das Phosphatfestlegungsvermögen jedoch längst nicht in dem Ausmaß herabgedrückt wurde, wie dies durch die partielle Sterilisation erfolgte.

Im Folgejahr wurde dann die Wirkung der totalen Sterilisation näher untersucht, da diese in den 1958 durchgeführten Versuchen deutlich von der der partiellen Sterilisationsverfahren abwich. Diesmal wurde zu der Erstfrucht Tomate und der Zweitfrucht Spinat und den gleichen Düngungsvarianten ein 13 Wochen, 7 Wochen sowie 1 Woche vor der Bepflanzung im Autoklaven sterilisierter Niedermoorboden mit unbehandeltem Boden verglichen, wobei vor der Zweitfrucht Spinat zwar die Düngung, nicht aber die Bodenbehandlung wiederholt wurde. Die bei den Tomatenpflanzen nach 42 Tagen, beim Spinat nach 63 Tagen Wachstumszeit erfolgte Aberntung brachte die in Tabelle 4 und 5 aufgeführten Ergebnisse.

Zur Veranschaulichung der jeweils erzielten Ertragshöhen sind diese in Abbildung 4 in Prozent des entsprechend gedüngten unbehandelten Bodens für die Frischgewichte graphisch dargestellt. Frisch- und Trockenerträge wiesen dabei grundsätzlich die gleiche Tendenz auf. Die gewählte prozentuale Darstellung erwies sich als zweckmäßig, um das unterschiedliche Ertragsniveau der beiden nacheinander verwendeten Versuchspflanzen auszugleichen. Es zeigte sich im Prinzip bei allen drei Düngungsvarianten die gleiche Tendenz, wenn auch in etwas unterschiedlichem Ausmaß, daß die Erträge zunächst nach der Bodensterilisation abnehmen, ihren Tiefpunkt etwa 7 Wochen danach erreichen, um dann steil anzusteigen. Dies demonstriert auch sehr deutlich Abbildung 5, in der der Stand der Tomatenpflanzen kurz vor der Aberntung bei gleichmäßiger Phosphatdüngerverteilung im Gefäß gezeigt wird.

Der Höhepunkt der Erträge wird im Zeitraum 12 bis 18 Wochen danach erzielt, anschließend beginnen sie wieder abzufallen. Der zur Verfügung stehende Versuchszeitraum reichte nicht aus, um das völlige Abklingen der Sterilisationsnachwirkungen zu erfassen, doch kann auf Grund der gewonnenen Daten mit hoher Wahrscheinlichkeit vermutet werden, daß sich das Verhalten des Bodens etwa 30 bis 40 Wochen nach dem Sterilisationsprozeß wieder dem des unbehandelten Bodens angeglichen haben dürfte.

Wie aus Abbildung 4 ferner ersichtlich ist, bestehen im Ausmaß der Ertragsveränderungen bei den einzelnen P_2O_5-Düngungsvarianten Unterschiede. So ist in den P_2O_5-ungedüngten Gefäßen der prozentuale Ertragsanstieg nach 7 Wochen am stärksten gegenüber dem unbehandelten Boden, am geringsten bei den mit eingeschichtetem Phosphat gedüngten, die auch zu Beginn der Entwicklung die relativ geringste Depression aufwiesen.

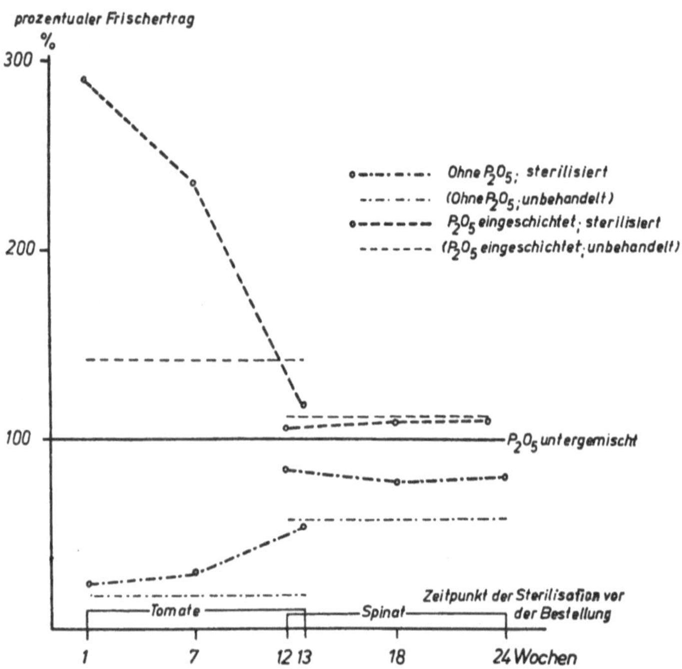

Abb. 6: Ertragshöhe auf zu unterschiedlichen Zeitpunkten sterilisierten Niedermoorböden ohne bzw. bei eingeschichteter Phosphatdüngung in Prozent der auf gleich behandeltem Boden bei untergemischter Phosphatdüngung erzielten Erträge (Frischgewichte)

Tabelle 3

Die Wirkung einer Ansäuerung des Niedermoorbodens im Vergleich zu einer partiellen Sterilisation auf Wachstum und Phosphatdüngerverwertung von Tomatenpflanzen in Gefäßversuchen

Behandlung	Düngung	Trockengewichte Tomate g/Gefäß	% von untergemischt	% von unbehandelt	P_2O_5-% der Trockensubstanz	P_2O_5-Aufnahme mg/Gefäß	Verwertung der zugegebenen Dünger-P_2O_5 in %
1) Unbehandelt							
a)	Ohne P_2O_5	2,7 ± 0,16	32	100	0,23	6	—
b)	0,2 g P_2O_5 untergemischt	8,5 ± 0,5	100	100	0,30	26	10
c)	0,2 g P_2O_5 eingeschichtet	24,8 ± 0,4	292	100	0,32	79	37
2) Gedämpft							
a)	Ohne P_2O_5	5,2 ± 0,42	25	193	0,25	13	—
b)	0,2 g P_2O_5 untergemischt	20,9 ± 0,48	100	246	0,35	73	30
c)	0,2 g P_2O_5 eingeschichtet	26,3 ± 0,9	126	106	0,36	95	41
3) Mit H_2SO_4 angesäuert							
a)	Ohne P_2O_5	5,6 ± 0,49	42	208	0,36	20	—
b)	0,2 g P_2O_5 untergemischt	13,4 ± 0,87	100	158	0,40	54	17
c)	0,2 g P_2O_5 eingeschichtet	23,4 ± 0,77	175	94	0,41	96	38

Tabelle 4

Gefäßversuchsergebnisse zur Erstfrucht Tomate auf einem zu unterschiedlichem Zeitpunkt vor der Bestellung total sterilisierten Boden bei verschiedener Phosphatdüngung im Frühjahr 1959

Zeitpunkt der Sterilisation	Düngung	Trockengewichte					
		g/Gefäß	% von untergemischt	% von unbehandelt	P_2O_5-% der Trockensubstanz	P_2O_5-Aufnahme mg/Gefäß	Verwertung der zugegebenen Dünger-P_2O_5 in %
1) Boden unbehandelt							
a)	Ohne P_2O_5	3,4 ± 0,43	25	100	0,50	17	—
b)	0,2 g P_2O_5 untergemischt	13,6 ± 0,40	100	100	0,41	56	20
c)	0,2 g P_2O_5 eingeschichtet	21,6 ± 1,05	159	100	0,35	76	30
2) 1 Woche vor der Bestellung							
a)	Ohne P_2O_5	2,1 ± 0,36	37	62	0,54	11	—
b)	0,2 g P_2O_5 untergemischt	5,7 ± 0,82	100	42	0,49	28	9
c)	0,2 g P_2O_5 eingeschichtet	17,3 ± 1,1	303	80	0,41	71	30
3) 7 Wochen vor der Bestellung							
a)	Ohne P_2O_5	1,8 ± 0,09	43	53	0,53	10	—
b)	0,2 g P_2O_5 untergemischt	4,2 ± 0,67	100	31	0,41	17	4
c)	0,2 g P_2O_5 eingeschichtet	9,2 ± 1,8	219	43	0,43	40	15
4) 13 Wochen vor der Bestellung							
a)	Ohne P_2O_5	15,0 ± 0,35	55	441	0,38	57	—
b)	0,2 g P_2O_5 untergemischt	27,5 ± 0,9	100	202	0,39	107	25
c)	0,2 g P_2O_5 eingeschichtet	32,0 ± 0,85	116	148	0,34	109	26

Tabelle 5

Gefäßversuchsergebnisse zur Zweitfrucht Spinat auf einem zu unterschiedlichem Zeitpunkt vor der Bestellung total sterilisierten Boden bei verschiedener Phosphatdüngung im Sommer bzw. Herbst 1959

Zeitpunkt der Sterilisation	Düngung	Trockengewichte g/Gefäß	% von untergemischt	% von unbehandelt	P_2O_5-% der Trockensubstanz	P_2O_5-Aufnahme mg/Gefäß	Verwertung der zugegebenen Dünger-P_2O_5 in %
1) Unbehandelt							
a)	Ohne P_2O_5	12,0 ± 0,5	65	100	0,41	49	—
b)	0,2 g P_2O_5 untergemischt	18,6 ± 0,86	100	100	0,48	89	20
c)	0,2 g P_2O_5 eingeschichtet	20,7 ± 0,7	111	100	0,55	114	33
2) 12 Wochen vor der Bestellung							
a)	Ohne P_2O_5	21,8 ±	91	182	0,50	109	—
b)	0,2 g P_2O_5 untergemischt	23,8 ± 1,35	100	128	0,71	169	30
c)	0,2 g P_2O_5 eingeschichtet	26,1 ± 2,1	110	126	0,79	206	48
3) 18 Wochen vor der Bestellung							
a)	Ohne P_2O_5	20,0 ± 0,6	83	167	0,49	98	—
b)	0,2 g P_2O_5 untergemischt	24,0 ± 0,1	100	129	0,71	170	36
c)	0,2 g P_2O_5 eingeschichtet	26,2 ± 0,68	109	127	0,79	207	55
4) 24 Wochen vor der Bestellung							
a)	Ohne P_2O_5	18,9 ± 1,82	77	158	0,52	98	—
b)	0,2 g P_2O_5 untergemischt	24,6 ± 0,74	100	132	0,69	170	36
c)	0,2 g P_2O_5 eingeschichtet	25,7 ± 1,35	105	124	0,76	195	48

Zur weiteren Deutung ist das Verhältnis der Düngungsvarianten zueinander von Interesse, wie es in Abbildung 6 graphisch dargestellt wurde, wobei als Bezugspunkt die Normaldüngung mit untergemischtem Phosphat gewählt wurde. Es zeigte sich, daß der prozentuale Minderertrag, der durch das Auslassen der P_2O_5-Düngung auftrat, auf allen sterilisierten Böden geringer war als auf dem unbehandelten Boden. Am geringsten war der Minderertrag etwa 12 bis 13 Wochen nach der Sterilisation, um danach wieder zuzunehmen. Dementsprechend war die Differenz zum unbehandelten Boden kurz nach der Sterilisation gering, stieg dann bis zum Zeitpunkt 12 bis 13 Wochen danach, um dann wieder geringer zu werden. (Es muß hier bei der absoluten Höhe das etwas unterschiedliche artspezifische Verhalten der beiden Versuchspflanzen Tomate und Spinat berücksichtigt werden: Die Reaktion der Tomate auf Mangel in der P_2O_5-Versorgung ist stärker als die des Spinats.) In Verbindung mit dem in der erstgenannten Abbildung dargestellten Verhalten bezüglich der Ertragshöhe läßt sich hieraus vermuten, daß unmittelbar nach der totalen Sterilisation die Pflanzenverfügbarkeit der Boden-P_2O_5 nur geringfügig ist, bei 7 Wochen ein Minimum erreicht, danach wieder stark zunimmt und nach der 18. Woche wieder nachläßt. Dies geht auch aus der absoluten P_2O_5-Aufnahme durch die Pflanze in diesen Gefäßen hervor. Allerdings muß noch darauf hingewiesen werden, daß in den ersten 7 Wochen nach der Sterilisation noch ertragsdepressiv wirkende Faktoren, wie sie auch von anderen Autoren genannt werden, vorhanden sein müssen, die das Pflanzenwachstum in diesem Zeitraum beeinträchtigen, so daß in allen Düngungsvarianten nur niedrigere Erträge erzielt wurden. Es können z. B. vorübergehende Spurenelementfestlegungen und Kalkphosphatbildungen durch die Hitze und erhöhten Druck eingetreten sein (15).

Die Wirkung der eingeschichteten Phosphatdüngung war ebenfalls unterschiedlich; der Mehrertrag gegenüber der untergemischten Phosphatdüngung kann als Maßstab für den Umfang der Phosphatfestlegung im Boden betrachtet werden. In den ersten 7 Wochen nach der Sterilisation ist die prozentuale Ertragssteigerung durch Phosphat-Einschichtung viel geringer als auf unbehandeltem Boden; auch zum späteren Zeitpunkt von der 12. Woche ab ist sie geringer, um nach der 18. Woche wieder zuzunehmen. Die Phosphatfestlegung im Boden verändert sich also gegenläufig zur absoluten Ertragsfähigkeit und hat ihr Minimum zum gleichen Zeitpunkt, an dem jene ihr Maximum aufweist. Auch hier wird das ursprüngliche Verhalten des unbehandelten Bodens 24 Wochen nach der Sterilisation wieder erreicht. Ähnliches wird durch die Phosphatdüngerverwertung gezeigt, die zunächst gegenüber dem unbehandelten Boden verschlechtert, von der 12. Woche ab jedoch verbessert wird, um den höchsten Wert nach der 18. Woche zu erreichen und dann wieder abzusinken. Allerdings war bis zum Versuchsschluß (also der 24. Woche nach der Sterilisation) noch eine deutliche Verbesserung der P_2O_5-Aufnahme gegenüber den unbehandelten Böden festzustellen, die sich auch in einem erhöhten P_2O_5-Gehalt der Pflanzen bemerkbar macht.

Zu den Gefäßversuchen ohne und mit totaler Sterilisation wurden mikrobiologische Untersuchungen durchgeführt, die zusammen mit chemischen Bodenanalysen die Deutung der pflanzenbaulichen Ergebnisse ermöglichen sollten.

Vom Tag der Sterilisation des Bodens bis zur Aberntung der Kulturen wurde die Mikroflora laufend untersucht. Bei der Wiederbesiedlung des total sterilisierten

Bodens konnte von Probedatum zu Probedatum eine Veränderung der qualitativen Zusammensetzung der Mikroflora beobachtet werden. Verschiedene Mikroorganismenarten wechselten sich nacheinander ab. Während anfangs Sporenbildner vorherrschten und Mycobakterien zurücktraten, veränderte sich das Bild später langsam zugunsten der Mycobakterien. Diese Veränderungen sind sicher dadurch bedingt, daß das chemisch-biochemische Milieu im sterilisierten Boden ständig und stetig wechselt. Neue Arten luxurieren, erreichen einen bestimmten Höhepunkt ihrer Verbreitung im Boden, erschöpfen die für sie günstigen Nahrungsquellen unter Anreicherung bestimmter Stoffwechselprodukte und bilden die Grundlage für Entwicklung und Wachstum anderer Arten, die sich daraufhin luxurierend entwickeln. Aus diesem Grunde kann die Gesamtkeimzahl nur einen bedingten Einblick in die augenblickliche biologische Aktivität des Bodens vermitteln und spiegelt die biochemischen Umsetzungen im Boden nicht genügend wider.

Die Mikroorganismentätigkeit war während der gesamten Versuchsdauer in den sterilisierten Varianten eindeutig höher als in der unbehandelten Variante. Schon eine Woche nach der Sterilisation stieg die Bakterienkeimzahl enorm an und erreichte Zahlen von 100 Mill. bis 1 Md. je g trockenen Boden, während im unbehandelten Boden durchschnittlich nur 7 bis 10 Mill. Bakterien gefunden wurden. Das Maximum der Bakterienzahl wurde bei den meisten Gefäßen etwa 3 bis 7 Wochen nach der Sterilisation erreicht, die Keimzahlen verminderten sich dann langsam, waren jedoch 34 Wochen nach der Sterilisation immer noch nicht auf den Ausgangswert des unbehandelten Bodens abgesunken. Auf Grund der unterschiedlichen Keimzahlen und der verschiedenen qualitativen Zusammensetzungen der Mikroflora war

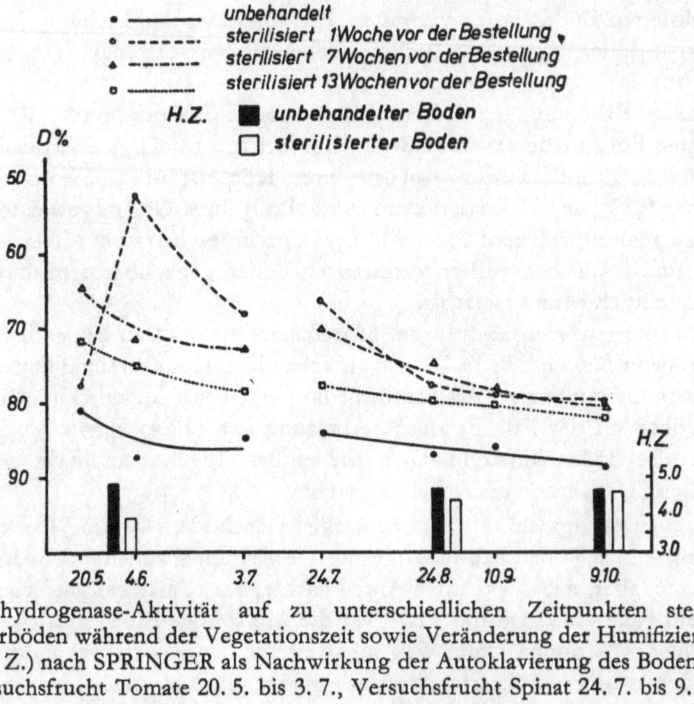

Abb. 7: Dehydrogenase-Aktivität auf zu unterschiedlichen Zeitpunkten sterilisierten Niedermoorböden während der Vegetationszeit sowie Veränderung der Humifizierungszahl (H. Z.) nach SPRINGER als Nachwirkung der Autoklavierung des Bodens Versuchsfrucht Tomate 20. 5. bis 3. 7., Versuchsfrucht Spinat 24. 7. bis 9. 10.

es daher notwendig, eine andere Methode zu finden, um die Intensität der biochemischen Umsetzungen im Boden zu erfassen. In Vorversuchen stellte sich heraus, daß hierzu die Bestimmung der Dehydrogenase-Aktivität im Boden geeignet war. Im Gegensatz zu den Keimzahlen unterlag die Dehydrogenase-Aktivität (DHA) keinen stärkeren gefäßbedingten Schwankungen.

Die aus den einzelnen Gefäßen gemittelten Werte sind aus der Abbildung 7 zu ersehen. Durch die Sterilisation wird die DHA allgemein als Folge günstiger Lebensbedingungen für die Bodenmikroben erhöht, da durch Abtötung der Mikroorganismen während des Sterilisierens eine größere Menge leichter zersetzlicher organischer Substanz zur Verfügung steht.

Die Abbildung 7 zeigt weiterhin, daß die DHA nach und nach absinkt. Am 24. 7. ist sie jedoch höher als am 9. 7., vermutlich deshalb, weil Wurzelreste der vorher abgeernteten Tomaten als geeignete Nahrungsquelle für die Mikroorganismen die Vermehrung begünstigen. Aber auch die vor der Zweitkultur Spinat erfolgte Neuabdüngung sowie Durchmischung des Gefäßbodens wird die Mikroorganismentätigkeit angeregt haben. Dies drückt sich auch in einer Erhöhung der Keimzahlen aus.

Zur Zeit des Wachstums der Tomatenjungpflanzen vom 20. 5. bis 1. 7. ist die DHA um so höher, je kürzer die Zeit zwischen Sterilisation und Bepflanzung ist. Die Mikroorganismentätigkeit, gemessen als DHA, ist also in dem Boden, der 13 Wochen vorher sterilisiert wurde, geringer als in dem 7 Wochen vorher sterilisierten. Der eine Woche vorher sterilisierte Boden zeigt dagegen erst am 4. 6. das Maximum seiner DHA, die von diesem Zeitpunkt an ständig absinkt. Die DHA der drei sterilisierten Böden gleichen sich dann immer mehr an, zeigen aber gegenüber dem unbehandelten Boden noch eine deutliche Erhöhung. Aus dem Kurvenverlauf der sterilisierten Böden ist zu vermuten, daß mit einer Angleichung der DHA der sterilisierten Böden an die des unbehandelten Bodens erst nach längerer Zeit zu rechnen ist.

Die starke Erhöhung der DHA in den 1 bzw. 7 Wochen vor der Bestellung sterilisierten Böden läßt auf eine starke Mikroorganismentätigkeit schließen. Da die luxurierende Mikroflora zum Aufbau ihrer Körpersubstanz Phosphor benötigt (Pilze etwa 0,3% und Bakterien etwa 0,1% P_2O_5 ihres Gesamtgewichtes), tritt sie als Konkurrent zur höheren Pflanze auf, wodurch der Ertrag der Tomatenpflanzen in den 1 und 7 Wochen vorher sterilisierten Böden gegenüber dem unbehandelten Boden wesentlich herabgesetzt ist.

Die Mikroorganismen können bei begrenztem Angebot an Bodenphosphorsäure vor allem dann für die höhere Pflanze als schädliche Konkurrenten auftreten, wenn für sie besonders günstige Wachstumsbedingungen vorhanden sind. Dies ist nach einer Sterilisation der Fall, da durch Abtötung der Mikroorganismen und Hitzeaufschluß der Bodennährstoffe ihnen ein großes Angebot an leicht zersetzlichen organischen Substanzen zur Verfügung steht.

Die Humifizierungszahl (H. Z.) des sterilisierten Bodens liegt 3 Wochen nach der Sterilisation mit 3,92 deutlich niedriger als die des unbehandelten Bodens mit 4,75. Das bedeutet aber, daß der relative Anteil leichter zersetzbarer organischer Substanz in ersterem Falle höher ist und damit für die Mikroorganismen günstigere Lebensbedingungen vorhanden sind. Wie die weiteren Untersuchungen der H. Z. des unbehandelten und sterilisierten Bodens zeigen, gleichen sich diese im Laufe der

Zeit wieder an, da durch die starke Entwicklung der Mikroorganismentätigkeit (hohe DHA) die leichter zersetzbare Substanz relativ schnell abgebaut wird.

Die Lebensbedingungen für die jetzt folgenden Mikroorganismen werden somit wieder schlechter, es entwickeln sich zunächst anspruchslosere, dann schließlich absolut weniger Mikroorganismen. Der anfangs in den Leibern der Mikroorganismen festgelegte Phosphor wird somit langsam wieder frei und steht der höheren Pflanze zur Verfügung.

Das ist erkennbar bei dem 13 Wochen vor der Bestellung sterilisierten Boden, bei dem der Tomatenpflanzenertrag gegenüber dem des unbehandelten Bodens schon wesentlich erhöht ist, obwohl die DHA des sterilisierten Bodens noch höher ist. In der Folgekultur ist der Spinatertrag in allen sterilisierten Böden gegenüber dem unbehandelten erhöht, d. h., daß der höheren Pflanze von einem bestimmten Zeitpunkt an im sterilisierten Boden mehr P_2O_5 zur Verfügung steht als im unbehandelten Boden, obwohl auch hier die DHA der sterilisierten Böden über der des unbehandelten Bodens liegt.

Von einem bestimmten Zeitpunkt an scheint sich also der schädliche Einfluß der luxurierenden Mikroflora umzukehren und für die höhere Pflanze vorteilhaft zu sein, und zwar sobald ein Teil der gebildeten Mikroflora wieder abzusterben beginnt.

In chemischen Untersuchungen konnte nun gezeigt werden, daß durch die Hitzesterilisation des Niedermoorbodens die wasser -und laktatlösliche und auch die an Calcium und Eisen gebundene Menge Phosphorsäure (Tabelle 6) zunimmt, was sicher auf Kosten der organischen und sorbierten P_2O_5 geschieht.

Tabelle 6

Die Wirkung von partieller und totaler Sterilisation auf die Löslichkeit und Bindungsform der Phosphorsäure im Niedermoorboden Großbeeren in mg/g trockener Boden

	Bodenbehandlung		
	unbehandelt	gedämpft	Autoklav sterilisiert
Gesamt-P_2O_5	3,58	3,58	3,67
wasserlösliche P_2O_5	0,08	0,12	0,21
laktatlösliche P_2O_5	0,49	0,54	0,65
n/100 HCl-lösliche P_2O_5 = Ca-gebundene P_2O_5	0,03	0,07	0,27
4 nHCl-lösliche P_2O_5 = Fe-gebundene P_2O_5 (2)	1,79	1,88	2,05

Trotz der Erhöhung der wasser- und laktatlöslichen P_2O_5 des autoklavierten Niedermoorbodens zeigte sich an der Pflanze ein größerer Phosphatmangel als bei unbehandeltem Boden, wie das aus den Versuchen des Jahres 1958 (Tabelle 2) hervorging, während auf gedämpftem bzw. chlorpikrinbehandeltem Boden die Phosphatverwertung besser war.

Dieser scheinbare Widerspruch kann durch die unterschiedliche Entwicklung der Mikroben erklärt werden, die das Stadium der mikrobiellen P_2O_5-Festlegung in gedämpften und chlorpikrinbehandelten Böden wesentlich schneller durchlaufen als in total sterilisierten Böden.

Diese Annahme wird noch durch folgende Untersuchungen bestätigt: Da bei den verschiedenen Sterilisationsvarianten unterschiedliche Hitzebehandlungen des Bodens vorgenommen wurden, erfolgte eine Untersuchung deren Auswirkung auf den Zustand der organischen Bodenkomponente. An Hand der kolorimetrischen Humusbestimmung nach SPRINGER konnte eine Erniedrigung der H.Z.-Zahl und Erhöhung des F.Q.-Wertes bei einer dreimaligen Hitzebehandlung im Autoklaven im Vergleich zu unbehandelt und einmal 30 min bei 95 °C erhitzt beobachtet werden (Tabelle 7).

Tabelle 7

Kolorimetrische Humusbestimmung nach SPRINGER in verschieden hitzebehandelten Böden (4 Wochen nach der Behandlung)

	unbehandelt	Dampftopf sterilisiert	Autoklav sterilisiert 3 × 60 min bei 120° C und 1,2 atü
H.Z.	4,6	4,7	4,0
F.Q.	3,8	3,9	4,3

Die Tabelle 7 zeigt, daß bei einer einfachen Dampftopfsterilisation, die einer Bodendämpfung ähnlich ist, die organische Komponente gegenüber dem unbehandelten Boden nur unwesentlich verändert wird, während bei der Autoklavierung eine wesentlich stärkere Verringerung der Humifizierungszahl sowie größere Erhöhung des F.Q.-Wertes gefunden wird.

Dadurch wird die Annahme gestützt, daß die Mikroorganismen im total sterilisierten Boden längere Zeit günstigere Nahrungsbedingungen vorfinden, während sie sich im partiell sterilisierten nur kürzere Zeit luxurierend entwickeln können, da die leichter zersetzbaren organischen Substanzen schneller erschöpft sind. Die Phase der P_2O_5-Festlegung ist im partiell sterilisierten Boden somit kürzer, und die höhere Pflanze kann die durch Hitzebehandlung und chemische Vorgänge vermehrte Menge leichtlöslicher Phosphorsäure hier eher ausnutzen als bei total sterilisiertem, autoklaviertem Boden.

Die von Anfang an günstige Wirkung einer Dämpfung bzw. Chlorpikrinbehandlung auf das Wachstum bzw. die Phosphatverwertung der Pflanzen gegenüber der zeitlich verzögerten entsprechenden Wirkung bei der Sterilisation des Bodens im Autoklaven, der sogar eine Zeitspanne negativer Auswirkungen vorausgeht, kann somit erklärt werden.

Zusammenfassung

In Vegetationsversuchen mit stark P_2O_5-festlegendem Niedermoorboden aus dem Großbeerener Raum zeigte sich, daß durch eine Sterilisation des Bodens die Pflanzenverfügbarkeit einer nachträglich zugeführten Phosphatdüngung stark beeinflußt wurde. Durch die nach einer Sterilisation auftretende verstärkte mikrobielle Aktivität wird der Gehalt an pflanzenverfügbarem Phosphat im Boden so stark erhöht, daß sich die vorhandene chemische Phosphatfestlegung nicht mehr hindernd auf die P_2O_5-Aufnahme bzw. das Pflanzenwachstum auswirken kann.

Bei einem Vergleich zwischen einer partiellen Sterilisation (durch Dämpfung bzw. Chlorpikrinbehandlung) und einer totalen Sterilisation (durch Autoklavenbehandlung) des Bodens zeigten sich unterschiedliche Wirkungen. Während in ersterem Falle schon kurze Zeit nach der Behandlung das Wachstum bzw. die Phosphatverwertung durch die Pflanze positiv beeinflußt wurden, trat im zweiten Fall zunächst die entgegengesetzte Wirkung auf. Erst etwa 12 Wochen nach der totalen Sterilisation war der gleiche Effekt wie bei einer partiellen Sterilisation zu beobachten.

Die nach einer Sterilisation des Bodens sich entwickelnde luxurierende Mikroflora weist zwar eine Zeitlang einen verstärkten Phosphatbedarf auf und tritt in dieser Periode als Konkurrent der höheren Pflanze in Erscheinung. Bald danach, bei einer partiellen Sterilisation schon nach wenigen Tagen, bei einer totalen Sterilisation nach einigen Wochen, ist eine Umkehrung zu beobachten. Nach Überschreitung des Höhepunktes der Mikroorganismenentwicklung überwiegen offensichtlich Abbauerscheinungen die Neubildung von organischer Substanz, wobei in vermehrtem Maße pflanzenverfügbare Phosphate frei werden. Die Phosphataufnahme und das Wachstum der Pflanzen wird in diesem Zeitraum sehr stark gefördert.

Nach Wiedereinstellung des ursprünglichen mikrobiellen Gleichgewichtes tritt die durch vorwiegend chemische Ursachen bedingte Phosphatfestlegung des Niedermoorbodens wieder verstärkt in Erscheinung. Ertragsbildung und Phosphatverwertung der Pflanzen gleichen sich wieder der auf unbehandeltem Boden an. Dieser Zeitpunkt wird auf partiell sterilisierten Böden früher als auf total sterilisierten erreicht. Eine auf chemischem Wege mit Chlorpikrin erzielte partielle Bodensterilisation wirkte gleichsinnig wie eine durch kurzfristiges Erhitzen mit Dampf erzielte. Ein Ansäuern des Bodens mit H_2SO_4 brachte eine wesentlich geringere Wirkung.

Über Untersuchungen der in dem Niedermoorboden bei der Phosphatfestlegung auftretenden chemischen Prozesse soll in einer weiteren Mitteilung berichtet werden, in der auch eine abschließende Diskussion aller hiermit im Zusammenhang stehenden Ergebnisse erfolgen soll.

Резюме

В вегетационных опытах с сильно фиксирующей фосфорную кислоту почвой, взятой с низинного болота в районе Гросберена, оказалось, что стерилизация почвы сильно повлияла на доступность растениям дополнительно внесенного в почву фосфатного удобрения. Вследствие усиливающейся после стерилизации активности микробов доступность растениям почвенных фосфатов настолько повышается, что имеющаяся химическая фиксация фосфатов уже не мешает поглощению фосфорной кислоты, т. е. не тормозит рост растений.

При сравнении частичной стерилизации почвы (пропарка или обработка хлорпикрином) с полной (при помощи автоклава) отмечались различные последствия. В первом случае уже скоро после обработки наблюдалось положительное влияние стерилизации на рост растения или на использование им фосфатов, во втором случае вначале показалось противоположное действие. Только по истечении 12 недель после полной стерилизации эффект был таким же, как после частичной обработки.

Развивающаяся после стерилизации пышная микрофлора некоторое время хотя и проявляет усиленную потребность в фосфатах и ведет себя как конкурент высшего растения. Но вскоре после этого — при частичной стерилизации уже через несколько дней, а при полной через несколько недель — отмечается обратное явление. После того, как численность микроорганизмов перешла кульминационный пункт, явления разложения, очевидно, начинают преобладать над образованием нового органического вещества, причем доступные растениям фосфаты в усиленной мере освобождаются. Поглощение фосфатов и рост растений в это время сильно повышены.

После восстановления первоначального равновесия микробов фиксация фосфатов в низинно-болотной почве, обусловленная премущественно химическими причинами, опять начинает сильнее проявляться. Образование урожая и использование фосфатов растениями опять приравниваются таковым на необработанной почве. Этот момент наступает на частично стерилизованной почве раньше, чем на полностью стерилизованной почве. Достигнутая химическим путем при помощи хлорпикрина частичная стерилизация действовала аналогично краткосрочной пропарке. Подкисление почвы серной кислотой подействовало значительно меньше.

Об исследовании химических процессов, возникающих при фиксации фосфатов в почве низинных болот, предусмотрено дальнейшее сообщение. Там же будет заключительное обсуждение всех результатов, имеющих отношение к вышеизложенным вопросам.

Summary

Vegetation experiments made in the Großbeeren area on fen soils with a high P_2O_5-fixation showed that sterilizing the soil affected greatly the availability of a supplementary phosphate supply. As a result of the increased microbial activity after sterilization the available phosphate mirror is increased thus that the existing chemical phosphate fixation does not hinder any more the absorption of P_2O_5 resp. the plant growth.

A comparison between partial sterilization (by steaming resp. chloropicrin treatment) and total sterilization (autoclave treatment) yielded different effects. While in the first case the growth resp. the phosphate utilization by the plant have been positively affected already shortly after treatment, the opposite effect occurred in the second case. Only about 12 weeks after total sterilization the same effect as with a partial sterilization could be observed.

The luxuriating microflora developing after sterilization shows for some time an increased phosphate requirement and appears in this period as a competitor of the higher plant. Shortly thereafter — with a partial sterilization already after a few days, with a total sterilization after some weeks — a reversion can be observed.

After the development of microorganisms has passed its climax, decomposition symptons dominate apparently over the new formation of organic substance as a result of which available phosphates are increasingly released. During this period the absorption of phosphate and the growth of plants is considerably promoted.

After re-estabilishing the original microbial equilibrium the phosphate fixation of the fen soil, mainly due to chemical causes, increases again considerably. Yield formation and phosphate utilization by the plant assimilate again to that of untreated soils. On partially sterilized soils this point is reached earlier than on completely sterilized soils. A chemical partial soil sterilization by chloropicrin had the same effect as a sterilization obtained by a short heating with steam. Acidification of the soil with H_2SO_4 resulted in a substantially lower effect.

A further paper is to report the examination of chemical processes occurring at the fixation of phosphate in fen soils as well as the final discussion of all related results.

Literaturverzeichnis

1. KRÜGER, G.: Untersuchungen über die Bedeutung von Diffusion und Adsorption für eine Bodenbegasung mit Chlorpikrin. Gartenbauwiss. 1956, **21**, 445
2. DÖRING, H.: Untersuchungen über die Sorption der Phosphorsäure an typischen Bodenbestandteilen und die Möglichkeit ihrer Mobilisierung durch die Pflanzen. Habil.-Schr. 1955
3. GEISSLER, Th.: Die Abhängigkeit der Düngerwirkung von der Einbringungsform der Phosphorsäuredünger in den Boden. Wiss. Z. Humboldt-Univ. Berlin, math.-nat. R. 1957/58, **7**, 173
4. GEISSLER, Th.: Der Wirkungswert der Phosphorsäure des Superphosphats bei unterschiedlicher Form der Einbringung. Z. Acker- u. Pflanzenbau 1958, **196**, 75
5. GEISSLER, Th.: Die Wirkung verschiedener Einbringungsformen des Superphosphats in Feldversuchen mit Gemüsepflanzen. Arch. Gartenbau 1958, **6**, 283
6. GERICKE, S.: Phosphorsäure-Düngungsfragen. Z. Pflanzenernähr., Düng., Bodenkde. 1948, **40**, 237
7. HIRTE, W.: Untersuchungen zur Erfassung der Mikroorganismentätigkeit des Bodens mit Hilfe der Dehydrogenaseaktivitätsbestimmung. In Vorbereitung
8. JAHN-DESBACH, W., KORIETH, H., und G. SCHMIDT: Ertrag und Mineralstoffgehalt von Wiesenschwingel (*festuca pratensis*) auf Niedermoor bei unterschiedlichen pH-Werten. Phosphorsäure 1958, **18**, 243
9. KAILA, A.: Über die mikrobiologische Festlegung und Mineralisierung des Phosphors bei der Zersetzung organischer Stoffe. Z. Pflanzenernähr., Düng., Bodenkde. 1954, **64**, 27
10. KAILA, A.: Availability for plants of phosphorus in some virgin peat samples. J. Sci. Agric. Soc. Finland 1958, **30**, 133
11. LAUENSTEIN, A.: Untersuchungen über die Verwendbarkeit frisch gedämpfter Erde im Gemüsebau. Arch. Gartenbau 1953, **1**, 20
12. LEGG, J. L., and C. A. BLACK: Determination of organic phosphorus in soils. II. Ignition method. Soil Sci. Soc. Proc. 1955, **19**, 139
13. LEMMERMANN, O.: Zur Frage der Phosphorsäuredüngung. Z. Pflanzenernähr., Düng., Bodenkde. 1947, **39**, 97
14. LENHARD, G.: Dehydrogenaseaktivität des Bodens als Maß für die Mikroorganismentätigkeit im Boden. Z. Pflanzenernähr., Düng., Bodenkde. 1956, **73**, 1

14a. REINHOLD, J.: Jahresberichte der Moorversuchsfelder in Großbeeren. Landwirtsch. Jb. 1928–1930

15. SCHEFFER, F., und D. SCHRÖDER: Der Einfluß des Erhitzens auf die Löslichkeit des Bodenphosphors. Z. Pflanzenernähr., Düng., Bodenkde. 1955, **70**, 165
16. SCHOEN, U.: Die Bindung von Anionen, besonders von Phosphationen, an Tonen. Z. Pflanzenernähr., Düng., Bodenkde. 1953, **60**, 31
17. SCHOEN, U.: Kennzeichnung von Ton durch Phosphatverbindung und Kationenumtausch. Z. Pflanzenernähr., Düng., Bodenkde. 1953, **63**, 1
18. SPRINGER, U.: Möglichkeiten zur schnellen Humusbestimmung im Boden. Z. Pflanzenernähr., Düng., Bodenkde. 1948, **40**, 166
19. WILD, A.: The rentention of phosphate by soil. J. Soil Sci. 1950, **I**, 221

Aus dem Institut für Pflanzenernährung und Bodenkunde der Martin-Luther-Universität Halle-Wittenberg
(Direktor: Prof. Dr. Dr. h. c. K. SCHMALFUSS)

J. GARZ

Zur Kenntnis des Phosphathaushaltes der Zuckerrübe

Eingegangen: 27. 5. 1960

Von einigen Mineralstoffen der Pflanze ist seit langem bekannt, daß sie in erheblichem Maße innerhalb derselben umgelagert werden können. Die Verlagerung erfolgt dabei meist von den alternden Pflanzenteilen in die jüngeren, noch wachsenden oder überwinternden Organe. Sie ist für den Nährstoffhaushalt der betreffenden Pflanze deshalb höchst bedeutsam (3, 13, 15).

Bei den in der Folge beschriebenen Untersuchungen über den Phosphathaushalt der Zuckerrübe, insbesondere ihrer Blätter, wurde auf diese Umlagerungen daher besonderes Augenmerk gerichtet (s. a. 8, 9).

Die dabei zur Trennung der einzelnen P-Fraktionen angewandten Methoden wurden bereits mehrfach beschrieben (6, 8, 11).

I. Der P-Haushalt der Blätter

Um zunächst einen Einblick in den P-Haushalt der Blätter zu erhalten, wurden im Spätsommer 1957 auf einem reichlich gedüngten Zuckerrübenschlag von etwa 50 Pflanzen jeweils 5 verschieden alte Blätter entnommen und zu entsprechenden Altersklassen vereinigt. Die als Blatt I—IV bezeichneten Gruppen lassen die Entwicklung vom sehr kleinen zum eben ausgewachsenen Blatt erkennen; das Blatt V entspricht den bereits vom Rande her leicht vergilbten äußeren Blättern.

Die Ergebnisse sind in der Abbildung 1 als ‰ P_2O_5 in der Trockensubstanz und als P_2O_5-Menge je Blatt (von den Säulen eingenommene Fläche) dargestellt. In der Tabelle 1 sind sie bezogen auf Protein-N angegeben; hier finden sich auch Angaben über die K_2O- und CaO-Gehalte.

An den jüngsten Blättern fällt vor allem der beträchtliche Gehalt an Nucleinsäurephosphat auf, und zwar auch dann, wenn man ihn nicht auf Trockensubstanz, sondern auf den in diesen Blättern ebenfalls hohen Gehalt an Protein-N bezieht.

Eine Erklärung für diese von MICHAEL und HEIDECKER (10) sowie BÖTTGER und WOLLGIEHN (16) auch an Spinat bzw. Tabak festgestellte Abhängigkeit des Nucleinsäure-Eiweiß-Verhältnisses vom Blattalter ist bei der überwiegenden Lokalisierung der Nucleinsäure in den Zellkernen darin zu sehen, daß die Zellteilungen in der Entwicklung eines Blattes eher zum Abschluß kommen als das Plasmawachstum insgesamt.

Als Beispiel für die zeitliche Rangfolge der einzelnen Stoffbildungsprozesse sei erwähnt, daß das Blatt IV im Vergleich zu Blatt III annähernd das dreifache Trockengewicht hat, die doppelte Eiweißmenge enthält, aber fast die gleiche Nucleinsäuremenge aufweist.

Hinsichtlich der Phosphatide und säurelöslichen Phosphatester sind die Tendenzen dieselben. Daß sie etwas weniger ausgeprägt sind, stimmt im Fall der Phosphatide mit der Vorstellung überein, daß diese stärker als die Nucleinsäure auch am Aufbau des Cytoplasmas beteiligt sind (FREY-WYSSLING, 4).

Im völligen Gegensatz zum Verhalten der organischen P-Verbindungen steht das des anorganischen Phosphates. Der Gehalt an dieser Fraktion nimmt bis zum Blatt-

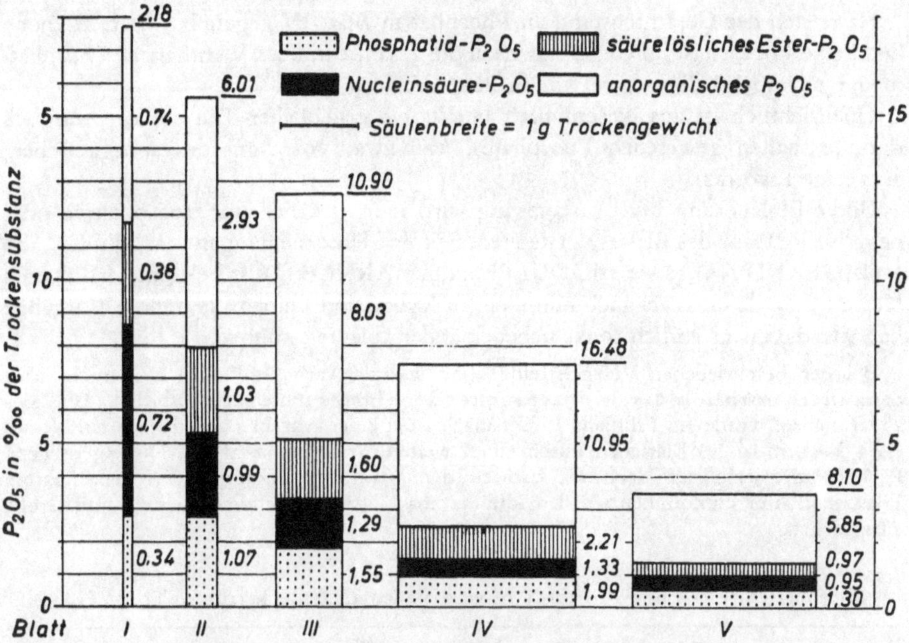

Abb. 1: Phosphatverbindungen in verschieden alten Zuckerrübenblättern (1957). Die Zahlen neben den Säulen geben die P_2O_5-Menge je Blatt in mg an

Tabelle 1
Phosphatverbindungen, Protein-N, K_2O und CaO in verschieden alten Zuckerrübenblättern (1957)

Altersklasse	Mittleres Blatttrockengewicht in g	Protein-N in ‰ der Trockensubstanz	Protein-N in mg je Blatt	molares Zahlenverhältnis $\frac{-PO_4}{1000\ \text{Protein-NH}_2}$ Phosphatid-	Nucleinsäure-	Säurelösliches Ester-	Anorganisches	in ‰ der Trockensubstanz K_2O	CaO
I	0,123	45,1	5,54	12,1	25,6	13,6	26,3	53	6,1
II	0,389	40,1	16,6	13,6	12,6	13,1	37,2	54	7,4
III	0,864	35,0	30,1	10,2	8,5	10,5	42,0	52	12,2
IV	2,21	28,8	63,5	6,2	4,1	6,9	33,9	47	23
V	2,32	19,8	46,0	5,6	4,3	4,0	20,9	56	45

stadium III laufend zu, und zwar sowohl bezogen auf Trockensubstanz als auch auf Protein-N.

Auch für diese Beobachtungen können vielleicht bereits rein morphologische Erwägungen eine Erklärung geben, wenn man daran denkt, daß das anorganische Phosphat wohl überwiegend im Zellsaft der Vacuolen lokalisiert ist und daß diese erst bei den ausgewachsenen Blättern in allen Zellen ihre volle Größe erreichen.

Hatte sich der Gesamtbestand an Phosphat in Blatt IV gegenüber Blatt III noch deutlich erhöht, so ist im Gegensatz dazu die gesamte in Blatt V enthaltene Phosphatmenge nur noch halb so groß wie in Blatt IV.

Offensichtlich ist aus diesem Blatt bereits ein erheblicher Teil des ursprünglich darin enthalten gewesenen Phosphates, und zwar vorrangig des anorganischen, ausgelagert worden.

Unter Einlagerung und Auslagerung wird hier natürlich nur eine positive oder negative P-Bilanz des Blattes verstanden. Seit den Untersuchungen von STOUT und HOAGLAND (14) sowie BIDDULPH und MARKLE (1) ist bekannt, daß es sich hier im Grunde um zwei auch räumlich (in Xylem und Phloem) getrennte Vorgänge handelt, die offensichtlich sogar nebeneinander ablaufen können.

Bei der beschriebenen Versuchsreihe 1957 waren zwar verschieden alte, nicht aber einander morphologisch entsprechende Blätter untersucht worden. Um dies zu erreichen, wurde im Frühjahr 1958 zunächst bei einer Anzahl von Pflanzen ein kleines etwa 3—5 cm langes Blättchen durch einen weiten Drahtring markiert. Die eigentlichen Probenahmen erfolgten dann so, daß zu den jeweiligen Terminen von benachbarten Pflanzen Blätter entnommen wurden, die den markierten hinsichtlich Stellung und Größe entsprachen.

Tabelle 2

Phosphatfraktionen und Protein-N in verschieden alten Zuckerrübenblättern (1958)

Datum der Probenahme	mittleres Blatttrockengewicht in g	Protein-N in ‰ der Trockensubstanz	P_2O_5 in ‰ der Trockensubstanz					Protein-N je Blatt in mg	P_2O_5 in mg je Blatt				
			Gesamt-	Phosphatid-	Nucleinsäure-	Säurelösliches Ester-	Anorganisches		Gesamt-	Phosphatid-	Nucleinsäure-	Säurelösliches Ester-	Anorganisches
30.6.	0,043	58,3	22,07	3,65	10,93	2,84	4,65	2,52	0,95	0,16	0,47	0,12	0,20
8.7.	0,59	44,0	15,14	2,00	5,45	1,89	5,80	26,0	8,93	1,18	3,22	1,12	3,42
19.7.	3,18	26,4	8,97	0,72	0,87	1,05	6,33	84,0	28,5	2,29	2,76	3,34	20,1
15.8.	4,25	22,3	4,90	0,34	0,72	0,54	3,30	94,8	20,8	1,45	3,06	2,30	14,0
13.9.	4,04	14,5	3,51	0,37	0,40	0,38	2,36	58,6	14,2	1,49	1,62	1,54	9,53

Die an diesen Proben durchgeführten Untersuchungen (Tabelle 2) haben die Ergebnisse des Vorjahres durchaus bestätigt: Der sehr hohe Gehalt der kleinsten Blätter an Nucleinsäure neben einem relativ geringen Gehalt an anorganischem Phosphat sowie die völlige Umkehr dieser Verhältnisse in den ausgewachsenen Blättern (19. 7.) kommen — wohl durch die Wahl der Probenahmetermine — noch stärker zum Ausdruck als 1957.

Zu erwähnen ist ferner, daß die in der Zeit vom 19. 7. bis zum 15. 8. 1958 eingetretene P-Abnahme im übrigen keine feststellbaren Veränderungen am Blatt hervorgerufen hat. Der Bestand an Eiweiß, vor allem aber auch der an Nucleinsäurephosphat, blieb praktisch unverändert. Die P-Abnahme wurde von den übrigen Fraktionen ihrem Anteil am Gesamtphosphat entsprechend getragen, der Menge nach also in erster Linie von der anorganischen Fraktion.

Der Bestand an Nucleinsäure-P_2O_5 verminderte sich erst in der folgenden Periode, und zwar annähernd parallel der Menge an Protein-N.

Unter Berücksichtigung der Ergebnisse auch anderer Versuche (MICHAEL und HEIDECKER, 10, FRIES, 5, ERGLE und EATON, 2) läßt sich über den P-Haushalt der Blätter zusammenfassend folgendes feststellen:

In jungen heranwachsenden Blättern sind zunächst im wesentlichen nur die für den Aufbau des Protoplasten und den Stoffwechsel erforderlichen Mengen der einzelnen P-Verbindungen vorhanden.

Größere Mengen anorganischen Phosphates werden darüber hinaus erst in dem ausgewachsenen Blatt angehäuft. Sie sind aber für die Funktion des Blattes offenbar nicht unbedingt nötig (8) und werden erforderlichenfalls schon zeitig wieder weitgehend ausgelagert.

Von den organischen P-Verbindungen werden in derartiger vorübergehender Weise höchstens geringfügige Mengen an Phosphatiden und säurelöslichen Estern gespeichert (s. a. 9). Der weitaus größere Teil der in diesen P-Verbindungen, vor allem in der Nucleinsäure, enthaltenen Phosphate wandert im allgemeinen erst aus dem alternden, durch zunehmenden Eiweißabbau gekennzeichneten Blatt aus (s. a. 5).

Befindet sich die Pflanze in starkem P-Mangel, so kann es demgegenüber allerdings zu einem vorzeitigen Abbau der Nucleinsäure (s. a. 10) und damit auch zu einem beschleunigten Altern des Blattes (Vergilben) kommen (s. S. 29).

Andererseits ist bei reichlich mit P versehenen Pflanzen im allgemeinen nur eine relativ geringe Abnahme des P-Gehaltes der alternden Blätter zu verzeichnen (8), und es kann nach Untersuchungen an Tabakblättern (9) eintreten, daß sich ein Teil des in den Nucleinsäuren vorhanden gewesenen Phosphates in der anorganischen Form im Blatt anreichert.

II. Der P-Umsatz innerhalb der gesamten Pflanze

Um Anhaltspunkte über den Verbleib der aus den Blättern ausgelagerten Phosphate zu erhalten und um die Bedeutung der Umlagerung für den P-Haushalt der gesamten Pflanze kennenzulernen, wurde 1959 ein Gefäßversuch mit Zuckerrüben angesetzt:

Gefäße nach WAGNER mit 6 kg Löß-Sand-Gemisch (1:2), Grunddüngung je Gefäß: 1,5 g K_2O (K_2SO_4), 0,5 g Na_2O (NaCl), 5 mg B (H_3BO_3) und insgesamt 2 g N (NH_4NO_3) in 4 Teilgaben (am 9. 4., 1. 6., 26. 6. und 20. 7.).

Die Phosphatdüngung betrug in einer Reihe 0,1 g P_2O_5 je Gefäß, in einer anderen 0,3 g. Um eine schnelle, möglichst erschöpfende P-Aufnahme zu erzielen und damit die Umlagerungsvorgänge in späteren Vegetationsabschnitten stärker hervortreten zu lassen, erfolgte die Zugabe des Phosphates in gelöster Form (KH_2PO_4) nach dem Auflaufen. In einer weiteren Reihe wurden 0,3 g P_2O_5 je Gefäß als $CaHPO_4$ beim Ansetzen beigemischt. Die P-Aufnahme war in dieser Reihe jedoch gegenüber den beiden anderen so wenig verzögert bzw. herabgesetzt, daß auf eine Wiedergabe der Ergebnisse verzichtet wird.

Der Versuch wurde am 9. 4. 1959 mit 30 Gefäßen je Reihe angesetzt und bald nach dem Auflaufen auf 1 Pflanze je Gefäß vereinzelt. Am 23. 6., zu einem Zeitpunkt, als jede Pflanze 7–9 ausgewachsene Blätter aufwies und an den klein gebliebenen Primärblättern erste Vergilbungserscheinungen auftraten, wurden die Blätter sämtlicher Pflanzen durch Markierung mit einem losen Drahtring in äußere, ausgewachsene und innere, noch nicht ausgewachsene Blätter getrennt. Weiterhin wurde jede Versuchsreihe in 3 hinsichtlich Größenverteilung und Wuchsform einander weitgehend entsprechende Gruppen (von je 10 Gefäßen) geteilt.

Anschließend wurde jeweils die eine dieser Gruppen geerntet, und zwar getrennt nach (a) äußeren Blättern, (b) inneren Blättern mit Rosettenachse und (c) Rübe (Hypokotyl und Wurzel). Die Wurzelspitze (< 4 mm∅) und die Nebenwurzeln blieben unberücksichtigt. Die zweite Gruppe wurde in gleicher Weise am 30. 7. geerntet, als die äußeren Blätter etwa zur Hälfte verwelkt waren, und die dritte Gruppe am 6. 11., als überhaupt nur noch wenige grüne und turgeszente Blätter vorhanden waren. Die vertrockneten Blätter wurden laufend gesammelt und später den betreffenden Proben zugefügt.

Die Gegenüberstellung der Erntegewichte und aufgenommenen P_2O_5-Mengen in Abbildung 2 bedarf kaum einer näheren Erläuterung.

Die Umlagerungsvorgänge kommen bei den mit nur 0,1 g P_2O_5 versehenen Pflanzen besonders deutlich zum Ausdruck. Während die P-Aufnahme zur Zeit der

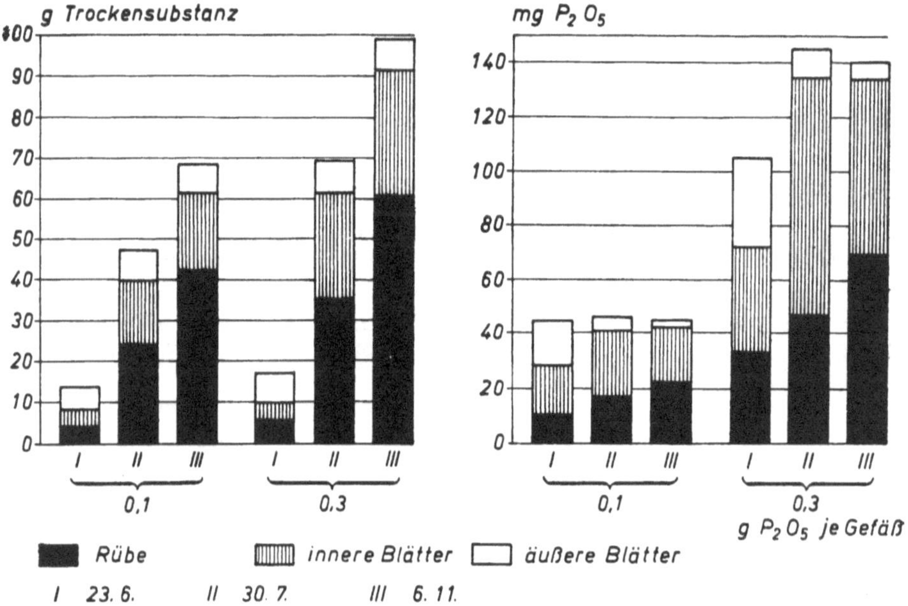

Abb. 2: Gewichtszunahme und Phosphataufnahme der Zuckerrüben des Gefäßversuches (1959) einschließlich verwelkter Blätter. Die Angaben sind auf 1 Pflanze berechnet

ersten Probenahme bereits beinahe zum Abschluß gekommen ist, nimmt das Trokkengewicht der gesamten Pflanzen in der folgenden Zeit noch um das 5fache, das der Rüben sogar noch um das 10fache zu. Die Phosphatumlagerung erfolgt im Juni-Juli vor allem aus den älteren (äußeren) in die jüngeren (inneren) Blätter. Später erfolgt — was besonders bemerkenswert ist — offensichtlich auch eine Rückverlagerung aus dem Sproß in die Rübe.

Auch bei den stärker mit P gedüngten Pflanzen, die gemessen am Ertrag beinahe als ausreichend mit P versehen gelten dürfen (8), tritt diese Rückverlagerung in die Rübe deutlich in Erscheinung. Es ist dabei zu erwähnen, daß die Kulturen stets vor Regen geschützt waren und eine Auswaschung der Phosphate aus den Blättern daher höchst unwahrscheinlich ist (13). Der geringe Rückgang der gesamten in der Pflanze vorhandenen P_2O_5-Menge zur letzten Probenahme dürfte auf Verluste beim Einsammeln der vertrockneten Blätter und auf die natürliche Streuung zurückzuführen sein.

Bereits die vorangegangenen Untersuchungen an den Blättern hatten ergeben, daß die Auslagerung des Phosphates keine feststellbaren Schäden hervorruft, solange sie nicht das Nucleinsäurephosphat betrifft, sondern vornehmlich das anorganische Phosphat und in geringem Umfang das der Phosphatide und säurelöslichen Ester erfaßt. Bei der eingehenden Untersuchung der äußeren Blätter dieses Versuches (Tabelle 3) ergab sich wiederum, daß die Nucleinsäurefraktion in der Zeit zwischen

Tabelle 3

Veränderungen des Gehaltes an P-Verbindungen und Protein-N in den äußeren Blättern der Zuckerrüben (1959)

Düngung in g P_2O_5 je Gefäß	Erntetermin[1]	Zahl der (äußeren) Blätter je Pflanze	Trockengewicht der (äußeren) Blätter in g je Pflanze	Gesamt-N	Protein-N	Gesamt-P_2O_5	Phosphatid-P_2O_5	Nucleinsäure-P_2O_5	Säurelösliches Ester-P_2O_5	Anorganisches P_2O_5
			A. N und P_2O_5 in ‰ der Trockensubstanz							
0,1	I	7,3	5,60	38,4	29,2	2,55	0,19	0,39	0,28	1,69
	II	7,6	7,67	14,9	10,2	0,63	0,04	0,16	0,10	0,34
	III	7,7	6,65	12,7	9,2	0,42	0,02	0,11	0,07	0,22
0,3	I	7,7	7,14	48,1	38,7	4,86	0,59	0,73	0,65	2,90
	II	8,8	7,87	16,9	12,8	1,34	0,11	0,42	0,17	0,70
	III	7,7	7,36	11,9	8,6	0,83	0,03	0,23	0,13	0,45
			B. N und P_2O_5 in mg je Pflanze							
0,1	I			215	164	14,28	1,06	2,18	1,57	9,46
	II			115	78	4,81	0,31	1,20	0,74	2,64
	III			85	61	2,77	0,13	0,73	0,48	1,48
0,3	I			343	276	33,40	4,21	5,23	4,65	20,70
	II			133	101	10,55	0,79	3,31	0,91	5,53
	III			87	63	6,08	0,22	1,66	0,99	3,32

[1] I 23. 6. II 30. 7. III 6. 11.

der ersten und zweiten Probenahme weniger von der Auslagerung erfaßt wird als die übrigen P-Fraktionen. Ihr Anteil am Gesamt-P_2O_5 steigt daher in dieser Zeit von 15 auf 30%.

Bei den mit nur 0,1 g P_2O_5 versehenen Pflanzen geht der Nucleinsäureabbau allerdings etwas schneller vonstatten. Er erfaßt bei diesen Pflanzen bis zum 30. 7. bereits 45% des Nucleinsäurephosphates, bei den mit 0,3 g P_2O_5 versehenen Pflanzen (einschließlich der $CaHPO_4$-Reihe) dagegen durchschnittlich nur 30%. Die äußeren Blätter jener Pflanzen sind zur gleichen Zeit auch bereits zu einem höheren Anteil (59%) verwelkt als die der letztgenannten (41%). Daß trotzdem der Eiweißabbau und Abtransport des N aus den alten Blättern in der Reihe mit 0,3 g P_2O_5 je Gefäß schneller abläuft, dürfte wohl mit dem stärkeren Wachstum dieser Pflanzen zusammenhängen (s. a. letzten Absatz).

Insgesamt werden etwa 80% der ursprünglich in diesen Blättern vorhanden gewesenen Phosphate zurückverlagert. Diese Zahl dürfte allerdings bei höheren P-Gaben wesentlich geringer sein (8).

Zu einer besonderen Anreicherung anorganischen Phosphates in anderen Teilen der Pflanze kommt es durch diese Umlagerung im allgemeinen nicht. Der Anteil der Fraktion am Gesamtphosphat nimmt im Gegenteil während der Vegetationszeit in fast allen Pflanzenteilen beständig ab. Eine vorübergehende Ausnahme bilden die heranwachsenden inneren Blätter. Besonders stark ist der Rückgang des Anteils der anorganischen Phosphate in der Rübe. Er sinkt in der Reihe mit 0,3 g P_2O_5 von 67,9 über 35,3 auf 25,7%. Die frühere Beobachtung (8), daß dieser Anteil durch Düngung in der Rübe stärker zu beeinflussen ist als in den Blättern, ist in diesem Zusammenhang erwähnenswert.

Im Laufe des Spätsommers (30. 7. — 6. 11.) verringert sich sogar die absolute in der gesamten Pflanze vorhandene Menge an anorganischem Phosphat, und zwar in der einen Reihe (0,1 g P_2O_5) von 23,4 auf 14,8 mg P_2O_5 je Pflanze und in der anderen Reihe von 70,9 auf 46,7 mg P_2O_5. Mit zunehmender Erschöpfung der äußeren P-Quellen werden also offensichtlich sämtliche inneren P-Reserven der Pflanze für den Aufbau organischer P-Verbindungen in Anspruch genommen.

Ob der Verbrauch der in den Rüben und den jungen Blättern vorhandenen anorganischen Phosphate allerdings in irgendeiner Weise als Voraussetzung oder unmittelbarer Anlaß für die Rückwanderung des Phosphates aus den alternden Blättern angesehen werden darf, erscheint sehr fraglich.

Abschließend sei bemerkt, daß es auch im Feldanbau zu einer derartigen vorübergehenden Speicherung anorganischen Phosphates in den Blättern der jungen Pflanze kommen dürfte, wenn die Aufnahme des verabreichten Phosphates etwa durch Reihendüngung — also Zuordnung zur Pflanze — beschleunigt wird oder wenn auf Böden mit starkem P-Festlegungsvermögen hohe Gaben leichtlöslichen Phosphates gedüngt werden.

Hinsichtlich der Rückverlagerung des Phosphates aus den alternden Blättern dürften die vorliegenden Untersuchungen überdies als Modellbeispiel für verschiedene experimentell schwierig zu handhabende Dauerkulturen (Baum- und Strauchpflanzen) (5) von einiger Bedeutung sein. Die Verlagerungsvorgänge, vor allem die des Phosphors und Kaliums (12), spielen im Nährstoffhaushalt dieser Pflanzen oft eine wesentlichere Rolle als in dem der einjährig angebauten Ackerpflanzen, zumal bei einem Teil dieser langlebigen Kulturen eine Düngung bisher nicht üblich ist.

Als Nachtrag zu vorangegangenen Untersuchungen über die P-Ernährung der Zuckerrübe (8) sei noch folgendes hinzugefügt:

Durch die getrennte Untersuchung der äußeren Blätter ließ sich an diesem Versuch zeigen, daß eine Herabsetzung der P-Gabe bei gleicher N-Ernährung auch eine Senkung des Gehaltes an Eiweiß-N bewirkt (Tab. 3), und zwar bei fast unverändertem Gehalt an löslichem N. Eine solche Abhängigkeit des Eiweißgehaltes von der P-Ernährung ist nach der heutigen Vorstellung über die gegenseitige Abhängigkeit von Nucleinsäure- und Eiweißstoffwechsel nicht überraschend. Sie ist aber experimentell nur in kurzfristigen Versuchen zu zeigen, weil in den Blättern der reichlicher mit P versehenen Pflanzen infolge des stärkeren Wachstums bald darauf eine beschleunigte Umlagerung des N eintritt, so daß sich die Verhältnisse umkehren. Untersucht man solche Pflanzen im ganzen, so erweisen sie sich fast ausnahmslos als die eiweißärmeren (8).

Zusammenfassung

1. Im frühen Entwicklungsstadium des Zuckerrübenblattes treten die organischen P-Verbindungen, namentlich die Nucleinsäuren, gegenüber dem anorganischen Phosphat mengenmäßig stark hervor.
2. Die ausgewachsenen Blätter zeichnen sich demgegenüber durch ein beträchtliches Akkumulationsvermögen für anorganische Phosphate aus. Das so in den Blättern angehäufte Phosphat bleibt aber für das weitere Wachstum der Pflanze verwendbar und wird gegebenenfalls sogar in die Rübe zurückverlagert.
3. Das in organischen Verbindungen enthaltene Phosphat wird bei normaler P-Ernährung erst dann ausgelagert, wenn in den alternden Blättern auch der Eiweißabbau einsetzt. Bei stärkerem P-Mangel kann es demgegenüber zu einem vorzeitigen Nucleinsäureabbau und Vergilben des Blattes kommen.

Резюме

1. В ранней стадии развития листьев сахарной свеклы органические фосфорные соединения, главным образом нуклеиновая кислота, по сравнению с неорганическим фосфатом количественно преобладают.
2. Взрослые листья, напротив, отличаются значительной способностью аккумуляции неорганических фосфатов. Фосфат, накопленный в листьях, однако, остается доступным для дальнейшего роста растения и в данном случае даже возвращается обратно в корень.
3. Фосфат, содержащийся в виде органических соединений, при нормальном питании фосфором выступает из листьев в корни лишь тогдя, когда в стареющих листьях начинается разложение белков. Но при значительном недостатке фосфора, может наступить преждевременное разложение нуклеиновой кислоты и пожелтение листьев.

Summary

1. In the early stage of development of the sugar beet leaf the content of organic P-compounds, particularly nucleic acids, is remarkably higher as compared with inorganic phosphate.
2. On the other hand, full-grown leaves show a considerable accumulative power for inorganic phosphate. However, the phosphate accumulated thus in the leaves remains available for the further growth of the plant and even returns to the root, if necessary.
3. Phosphate contained in organic compounds returns with a normal P-nutrition only when the aging leaves begin to break down. With a greater deficiency of P an earlier decomposition of the nucleic acid and yellowing of the leaves may occur.

Literaturverzeichnis

1. BILDDULPH, O., und J. MARKLE: Translocation of radiophosphorus in the phloem of the cotton plant. Amer. J. Bot. 1944, **31**, 65–70
2. BÖTTGER, I. und R. WOLLGIEHN: Untersuchungen über den Zusammenhang zwischen Nucleinsäure und Eiweißstoffwechsel in grünen Blättern höherer Pflanzen. Flora 1958, **146**, 302–320
3. ERGLE, D. R., und F. M. EATON: Aspects of phosphorus metabolism in the cotton plant. Plant Physiol. 1957, **32**, 106–113
4. FISCHER, H.: Der Transport der Mineralstoffe. In W. RUHLAND: Handbuch der Pflanzenphysiologie (Die mineralische Ernährung der Pflanze) 1958, Bd. 4, Berlin-Göttingen-Heidelberg, Springer-Verl.
5. FREY-WYSSLING, A.: Die submikroskopische Struktur des Cytoplasmas. (Protoplasmatologia Bd. II, A) 1955, Wien, Springer-Verl.
6. FRIES, N.: Variations in the content of phosphorus, nucleic acids, and adennine in the leaves of some decidous trees during the autumn. Plant a. Soil 1953, **4**, 29–42
7. GARZ, J.: Zur Kenntnis der Phosphaternährung der Luzerne. Z. Pflanzenernähr., Düng., Bodenkde. 1957, **79**, 213–232
8. GARZ, J.: Beziehungen zwischen Stickstoffernährung und Phosphatstoffwechsel des Tabaks. Flora 1959, **148**, 212–217
9. GARZ, J.: Die phosphathaltigen Substanzen der *Beta*-Rüben in ihrer Abhängigkeit von der Phosphor- und Stickstoffernährung. Albrecht-Thaer-Arch. 1960, **4**, 436–449
10. KOTER, M., und J. GARZ: Zur physiologischen Funktion des in Zuckerrübenwurzeln gespeicherten anorganischen Phosphates. Wiss. Z. Univ. Halle 1960, **9**, 425–426
11. MICHAEL, G., und L. HEIDECKER: Ein weiterer Beitrag zur Frage der Veränderlichkeit der Phosphorsäurefraktionen im Spinat in Abhängigkeit von verschiedener Phosphorsäuredüngung. Bodenkde. u. Pflanzenernähr. 1940, **17**, 358–372
12. SCHMALFUSS, K.: Über die Wandlungen der Phosphorverbindungen in der reifenden Maisfrucht, insonderheit bei verschiedener Ernährung der Pflanze. Bodenkde. u. Pflanzenernähr. 1941, **20**, 151–177
13. SCHULZE, W.: Über die Veränderungen der Chloroplastenfarbstoffe und Mineralstoffe von Roßkastanienblättern während einer Vegetationszeit. Flora 1956, **144**, 154–158
14. STENLID, G.: Salt losses and redistribution of salts in higher plants. In W. RUHLAND: Handbuch der Pflanzenphysiologie (Die mineralische Ernährung der Pflanze) 1958, Bd. 4, Berlin-Göttingen-Heidelberg, Springer-Verl.
15. STOUT, P. R., und D. R. HOAGLAND: Upward and lateral movement of salt in certain plants as indicated by radioactiv isotopes of potassium, sodium, and phosphorus absorbed by roots. Amer. J. Bot. 1939, **26**, 320-324
16. WILLIAMS, R. F.: Redistribution of mineral elements during development. Annu. Rev. Plant Physiol. 1955, **6**, 25–42

Aus dem Institut für Acker- und Pflanzenbau der Martin-Luther-Universität Halle-Wittenberg
(Direktor: Prof. Dr. G. KÖNNECKE)

P. MÜLLER

Über die Verträglichkeit ackerbaulich genutzter Leguminosen

I. Ergebnisse mehrjähriger Feldversuche auf Lößlehmböden in Mitteldeutschland

Eingegangen: 19. 4. 1960

Die ackerbaulich genutzten Leguminosen gelten als besonders unverträglich beim Anbau nach sich selbst und auch bei der Aufeinanderfolge verschiedener Arten. Auf Grund solcher Erfahrungen erfolgt der Anbau von Körner- und Futterleguminosen in Anlehnung an allgemeine Fruchtfolgeregeln unter Einhaltung örtlich unterschiedlicher Anbaupausen, um mit einiger Sicherheit hohe Erträge zu erzielen. ROEMER und SCHEFFER (1953, S. 175) weisen aber darauf hin, daß Phaseolus und Serradella in Deutschland und Soja in Ungarn Ertragsanstieg aufweisen, wenn sie wiederholt nach sich selbst folgen, obwohl sie ebenfalls zur Familie der Schmetterlingsblütler (Papilionaceae) in der Ordnung Hülsenfruchtartige (Leguminosales) gehören. Weiterhin treten auf dem Grünland Kleearten perennierend auf, von denen nahe Verwandte auf dem Acker mit sich selbst als nicht verträglich angesehen werden. Diese einander widersprechenden Erscheinungen und der Umstand, daß über die Ursachen der folgebedingten Einflüsse auf die Entwicklung und den Ertrag der Nachfrüchte noch wenig bekannt ist, haben uns veranlaßt, das Problem erneut zu bearbeiten. Dabei interessieren besonders jene ertragsbeeinflussenden Wirkungen, die nicht durch die beim fortwährenden Anbau der gleichen Kulturpflanze zuweilen eintretende Häufung von Pflanzenschädlingen hervorgerufen werden.

KONOLD (1931) und BERKNER (1936) haben bereits Verträglichkeitsversuche mit Leguminosen durchgeführt. Sie beschränkten sich auf die Prüfung weniger Arten, und BERKNER (S. 123) bemerkt dazu, daß „wegen erheblicher Differenzen im Gewicht der Kontrollparzellen von einer Fehlerberechnung abgesehen werden mußte". Die Mitteilungen von KONOLD sind nicht mit Ertragszahlen belegt.

Wir haben die wichtigsten ackerbaulich genutzten Leguminosen mit höheren Bodenansprüchen auf den Lehr- und Versuchsgütern Etzdorf und Mößlitz (Bezirk Halle) in Verträglichkeitsversuchen angebaut. Die wesentlichen Versuchsdaten sind in Tabelle 1 angegeben.[1]

Zu Tabelle 1 ist zu ergänzen, daß auf der Brache (Versuchsnummer 5) bei der Anlage der Versuche im Jahre 1953 weiße Lupinen (*Lupinus albus*, Reuscher Stamm 60) bestellt wurden. Sie liefen lückenhaft auf und wurden bald danach durch Kaninchen vernichtet. Daraufhin wurde die Parzelle umgebrochen. Sie blieb dann während der ganzen Versuchszeit unbebaut, wurde jeweils im Herbst mit dem gesamten Versuch gepflügt, im Frühjahr abgeschleppt, geeggt und während der Vegetationszeit durch Hacken vom Unkraut frei gehalten.

Die Versuchsnummer 8 ist zweimal aufgeführt, weil unter ihr in Etzdorf Sommergerste, in Mößlitz Hafer im Versuch gestanden haben.

[1] Den Versuchsleitern, Herrn Dipl.-Landw. D. SEYPT, Etzdorf, und Herrn Dipl.-Landw. G. FRIESSLEBEN, Mößlitz, bin ich für die sorgfältige Durchführung der Versuche zu Dank verpflichtet.

Tabelle 1

Angaben über die Anbautechnik bei den Feldversuchen über die Verträglichkeit ackerbaulich genutzter Leguminosen in Etzdorf und Mößlitz

Versuchs-nummer	Fruchtart	Sorte	Aussaat-menge kg/ha	Reihenentfernung, Standweite in cm	Düngung
1	Saaterbsen (*Pisum sativum*)	„Langensteiner Grüne Viktoria" „Waldmanns Gelbe Waldoria" (ab 1958)	300	20	3,0 dt/ha Superphosphat und 3,0 dt/ha 40%iges Kalidüngesalz für alle Versuchsnummern
2	Ackerbohnen (*Vicia faba*)	„Rastatter Kleinkörnige"	220	25	
3	Phaseolusbohnen (*Phaseolus vulgaris*)	„Saxa" o. F.	140	40 × 25	
4	Sojabohnen (*Glycine soja*)	„Dornburger Weißblühende"	80	40 × 25	
5	Brache	—	—	—	
6	Rotklee (*Trifolium pratense*)	Handelssaat	28	15	
7	Luzerne (*Medicago media*)	Handelssaat	30	15	
8	Sommergerste (Etzdorf) (*Hordeum vulgare*)	„Freya", „Elsa" (ab 1958)	140	20	außerdem zu den Versuchsnummern 8 1,5 dt/ha Kalk- bzw. 2,0 dt/ha Kalkammonsalpeter
8	Hafer (Mößlitz) (*Avena sativa*)	„Flämingsgold"	130	20	

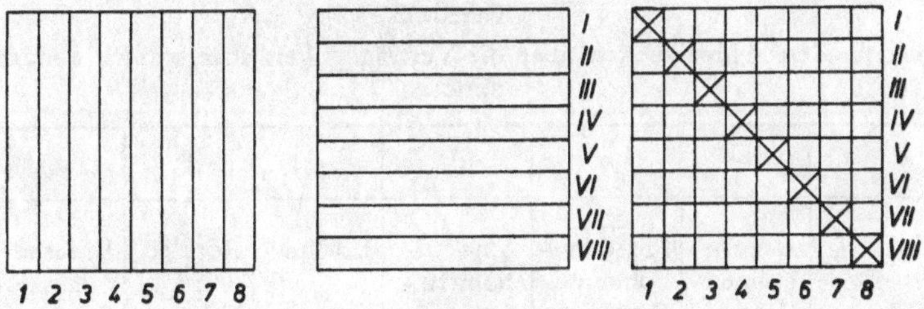

1953 Anbau und Ernte — 1954 Anbau — 1954 Ernte

Versuchs-Nr.	Fruchtart
1 I	Saaterbsen
2 II	Ackerbohnen
3 III	Phaseolusbohnen
4 IV	Sojabohnen
5 V	Brache
6 VI	Rotklee
7 VII	Luzerne
8 VIII	Sommergerste (Etzdorf)
8 VIII	Hafer (Mößlitz)

Abb. 1: Lageplan der Feldversuche über die Verträglichkeit ackerbaulich genutzter Leguminosen

Der Anbau und die Pflege der verschiedenen, in einem Versuch zusammengefaßten Kulturen erfolgten entsprechend den für die einzelnen Arten erforderlichen Bedingungen. Die Versuche wurden nahezu unkrautfrei gehalten und dann aufgegeben, wenn die Verunkrautung mit Wurzelunkräutern nicht mehr aufzuhalten war. Es entstand ein erheblicher Pflegeaufwand, besonders bei den Futterleguminosen.

Beide Versuchsorte liegen im Regenschattengebiet des Harzes (Magdeburger Börde) und weisen Bodenwertzahlen über 80 auf. In Etzdorf steht der Versuch auf einem humosen Lößlehm von schwach alkalischer Reaktion (pH in KCl 7,74). Vor der Anlage wurden 23,7 mg P_2O_5 und 30,0 mg K_2O je 100 g Boden nach der Laktatmethode festgestellt. In Mößlitz liegt Lößlehm von fast neutraler Reaktion vor (pH in KCl 6,85).

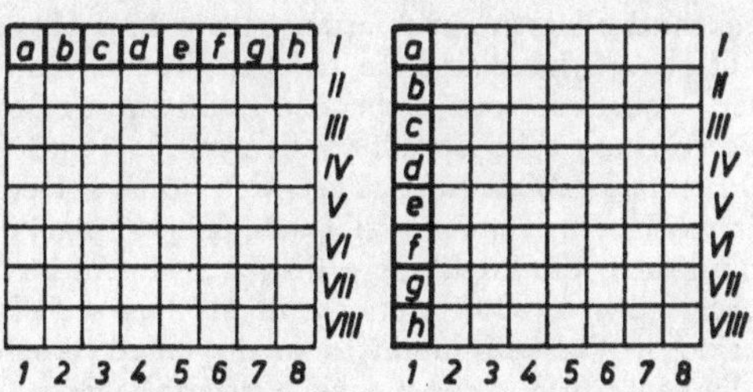

1954, 1956, 1958 — 1955, 1957

Erbsen nach

a Erbsen
b Ackerbohnen
c Phaseolusbohnen
d Sojabohnen
e Brache
f Rotklee
g Luzerne
h Hafer

Abb. 2: Anbaufolge in den Feldversuchen über die Verträglichkeit ackerbaulich genutzter Leguminosen

Tabelle 2

Anbaufolge in den Feldversuchen über die Verträglichkeit ackerbaulich genutzter Leguminosen

	a	b	c	d	e	f	g	h
1953	Erbsen	Ackerbohnen	Phaseolusbohnen	Sojabohnen	Brache	Rotklee	Luzerne	Hafer
1954	**Erbsen**	**Erbsen**	**Erbsen**	**Erbsen**	**Erbsen**	**Erbsen**	**Erbsen**	**Erbsen**
1955	Erbsen	Ackerbohnen	Phaseolusbohnen	Sojabohnen	Brache	Rotklee	Luzerne	Hafer
1956	Erbsen	Erbsen	Erbsen	Erbsen	Erbsen	Erbsen	Erbsen	Erbsen
1957	Erbsen	Ackerbohnen	Phaseolusbohnen	Sojabohnen	Brache	Rotklee	Luzerne	Hafer
1958	Erbsen	Erbsen	Erbsen	Erbsen	Erbsen	Erbsen	Erbsen	Erbsen

auf den nach Abbildung 2 quer im Block liegenden Versuchsflächen

	1953	1954	1955	1956	1957	1958
a	Erbsen	Erbsen	Erbsen	Erbsen	Erbsen	Erbsen
b	Erbsen	Ackerbohnen	Erbsen	Ackerbohnen	Erbsen	Ackerbohnen
c	Erbsen	Phaseolusbohnen	Erbsen	Phaseolusbohnen	Erbsen	Phaseolusbohnen
d	Erbsen	Sojabohnen	Erbsen	Sojabohnen	Erbsen	Sojabohnen
e	Erbsen	Brache	Erbsen	Brache	Erbsen	Brache
f	Erbsen	Rotklee	Erbsen	Rotklee	Erbsen	Rotklee
g	Erbsen	Luzerne	Erbsen	Luzerne	Erbsen	Luzerne
h	Erbsen	Hafer	Erbsen	Hafer	Erbsen	Hafer

auf den nach Abbildung 2 längs im Block liegenden Versuchsflächen

Zur Darstellung des Versuchsablaufes ist in Abbildung 1 der Lageplan aufgezeichnet. Daraus ist zu ersehen, daß 1953 4 m breite und 32 m lange Streifen mit den durch die Versuchsnummern gekennzeichneten Fruchtarten bebaut und abgeerntet oder als Brache gehalten wurden. Im folgenden Jahre sind die gleichen Fruchtarten — jetzt durch römische Ziffern gekennzeichnet — quer zur vorhergehenden Drillrichtung bestellt und entsprechend den verschiedenen Vorfrüchten acht Einzelparzellen mit je 16 m² Saatfläche und 10,2 m² Erntefläche für jede Fruchtart gebildet und abgeerntet worden. Der Anbau über Kreuz erfolgte auch in den späteren Jahren. Daraus ergibt sich, daß 64 Folgekombinationen und darin enthalten acht Monokulturen, die im Block a diagonal angeordnet sind, geprüft werden konnten. Die Versuche sind in Etzdorf vierfach, in Mößlitz sechsfach wiederholt, und in den Wiederholungen sind die Versuchsnummern zufallsgemäß verteilt, so daß dort auch die Monokulturen über die ganze Fläche der Blocks verstreut liegen.

Es sei noch darauf hingewiesen, daß die Lage der Versuchsfläche einer jeden Fruchtart innerhalb der Blocks jährlich wechselt, wie das die Abbildung 2 am Beispiel der Erbsen veranschaulicht.

Daraus ergibt sich eine unterschiedliche Bewertung der Nachfruchterträge in den einzelnen Jahren, worauf bei der zusammenfassenden Auswertung zu achten ist. Nur im ersten Folgejahr (1954) werden Vorfruchtwerte[1] nach der von KÖNNECKE (1956) gegebenen

[1] „Vorfruchtwert ist die Vorfruchteignung eines Pflanzenbestandes für eine bestimmte Nachfrucht, gemessen an deren Ertragshöhe und in Beziehung gesetzt zu ihren unter gleichen sonstigen Bedingungen erzielten Erträgen nach anderen Vorfrüchten."

Definition ermittelt. Die erste Nachfrucht ist in Tabelle 2 durch Fettdruck hervorgehoben. In den folgenden Versuchsjahren (die ausgewertete Fruchtart ist dann gesperrt gedruckt) werden die Erträge in Monokulturen und in alternierenden Kulturen festgestellt, die abwechselnd aus der geprüften Fruchtart und anderen Leguminosen, Getreide oder Brache bestehen. Die Zusammenhänge gehen aus Tabelle 2 (Beispiel Erbsen) hervor.

Der Versuch in Mößlitz mußte wegen Verqueckung bereits 1957 abgebrochen werden. In Etzdorf wurde er 1959 weitergeführt, obwohl auch da die Verunkrautung hohen Pflegeaufwand, vor allem bei den Futterleguminosen, verursachte.

Ergebnisse der Versuche

Seit dem ersten Folgejahre wird jede Fruchtart als Einzelversuch behandelt und jährlich unter Anwendung der Varianzanalyse nach der Blockmethode verrechnet. Wir haben bereits darauf hingewiesen, daß nur das erste Folgejahr Vorfruchtwerte angibt. Nun darf man voraussetzen, daß sich die Vorfruchteignung der geprüften Fruchtarten unter den sehr ähnlichen Anbaubedingungen und Standortverhältnissen der beiden Versuchsorte eindeutig bestimmen läßt. Demzufolge ist die zusammengefaßte Auswertung der Erträge des ersten Folgejahres zur Sicherung der Aussage naheliegend. Wir haben deshalb die Gesamtstreuung unter Benutzung aller Einzelwerte von beiden Versuchsorten errechnet und in die Streuung der Blocks, der Orte, der Vorfrüchte, der Wechselwirkungen (WW) Orte x Vorfrüchte und in den Fehler zerlegt. Jede Vorfrucht ist auf das Mittel aller übrigen bezogen.

Nachdem in Etzdorf die Ergebnisse von fünf Folgejahren vorlagen und der Versuch in Mößlitz bereits ein Jahr früher abgebrochen werden mußte, wurde die erste zusammenfassende Auswertung über die Jahre vorgenommen. Dabei hat es sich als zweckmäßig erwiesen, die Erträge nach Versuchsorten getrennt aufzuführen. Die Jahresstreuung übertrifft nämlich durchweg alle anderen Streuungsursachen, und die Versuche selbst bieten nicht immer die Möglichkeit, entscheiden zu können, ob der Ertragsverlauf durch die Anbauweise oder durch die Witterung verursacht ist. An beiden Orten sind aber in unmittelbarer Nähe der Verträglichkeitsversuche Fruchtfolgen angelegt, in denen einige der hier geprüften Arten stehen, und es kann auf diese Weise der Ertragsverlauf in den Fruchtfolgen zum Vergleich herangezogen werden.

Da sich die Präzision der Einzelversuche im Versuchszeitraum nicht signifikant unterscheidet (BARTLETT-Test), führten wir die zusammenfassende Auswertung mit Hilfe aller angefallenen Einzelwerte als Totalanalyse durch. Die Ertragszahlen sind so gruppiert, daß sich die Gesamtstreuung in die Streuung der Blocks, der Jahre, der Vorfrüchte und der Wechselwirkungen (WW) Jahre x Vorfrüchte zerlegen läßt. Weil die Blocks nicht orthogonal zu den Versuchen sind, kann man sie aus den Einzelversuchen nicht zusammenfassen. Deswegen haben wir die Blockstreuung durch die Summierung der Blockstreuung aller Einzelversuche ermittelt und von der Gesamtstreuung in Abzug gebracht, damit der für das Gesamtmaterial gültige Fehler gefunden wurde.

In Anbetracht der gegen den multiplen t-Test neuerdings erhobenen Bedenken (MUDRA, 1958, S. 79) wurde er nur bei der statistischen Bearbeitung der Einzelversuche benutzt und auch dann nur, wenn durch den vorausgegangenen F-Test gesicherte Vorfruchtunterschiede angezeigt wurden. Bei der zusammenfassenden Auswertung beschränkten wir uns auf den F-Test. Dabei läßt sich zuerst durch den Test WW/Fehler die Frage beantworten: Ist eine unterschiedliche Reaktion der Vorfrüchte in den einzelnen Jahren oder an den verschiedenen Orten aufgetreten? Trifft das zu, wird die Gruppenvarianz der Vorfrüchte gegen die WW getestet, um zu entscheiden, ob Vorfruchtunterschiede in allen Versuchen aufgetreten sind oder nicht. Der Test Jahre/WW folgt sinngemäß. Ergibt der Test WW/Fehler keine Signifikanz der Wechselwirkungen, werden die Gruppenvarianzen der Jahre bzw. Orte und der Vorfrüchte gegen einen Fehler getestet, der sich aus der Addition der Quadratsummen des Fehlers und der WW nach anschließender Division durch die Summe der entsprechenden Freiheitsgrade errechnet (RUNDFELDT, 1957, S. 103).

Wir haben die von MUDRA (1958) gegebenen statistischen Tafeln benutzt (Sicherung P – 5% = +; P – 1% = ++).

Bei den Ertragszahlen werden für jede Fruchtart erst die Vorfruchtwerte und dann der Ertragsverlauf über die Jahre besprochen. Die Angaben über Körnerleguminosen und Getreide enthalten nur die auf 86% Trockensubstanz umgerechneten Kornerträge, weil sich herausgestellt hat, daß das Korn:Stroh-Verhältnis durch die verschiedenen Vorfrüchte nicht wesentlich beeinflußt wurde, worauf auch BERKNER (1936, S. 123) schon hingewiesen hat. Bei den Futterleguminosen ist die Summe des Trockensubstanzertrages von zwei Schnitten angeführt.

1. Saaterbsen *(Pisum sativum)*

In Tabelle 3 sind die Erbsenerträge des ersten Folgejahres angegeben.

Tabelle 3

Erbsenerträge nach verschiedenen Vorfrüchten (Korn in dt/ha bei 86% Trockensubstanz)

Erbsen nach	Etzdorf 1954			Mößlitz 1954			Ertrags-mittel
		Rang	P %		Rang	P %	
Erbsen	**17,38**	6	24,5	**10,88**	7	62,0	**14,13**
Ackerbohnen	18,84	4	37,8	11,80	5	20,4	15,32
Phaseolusbohnen	19,15	2	21,0	12,18	2	4,4	15,67
Sojabohnen	18,35	5	92,0	11,91	3	14,3	15,13
Brache	19,07	3	28,5	11,88	4	17,1	15,47
Rotklee	16,86	7	7,2	12,28	1	3,6	14,57
Luzerne	16,02	8	0.89	6,47	8	$<0{,}10$	11,25
Getreide	20,09	1	1,4	11,78	6	23,9	15,94

Tabelle 3a

Varianztabelle der zusammenfassenden Auswertung

Streuungsursache	FG	SQ	MQ	F gegen WW	F gegen Fehler
Blocks	8	70,82			
Versuche (Orte)	1	959,79	959,79	$191{,}19^{++}$	
Vorfrüchte	7	173,84	24,83	$4{,}94^{+}$	
WW Orte × Vorfrüchte	7	35,12	5,02		$2{,}57^{+}$
Fehler	56	108,96	1,95		

Es zeigt sich, daß in den Einzelversuchen gesicherte Vorfruchtwirkungen auftreten. Dabei ist in Etzdorf die Sommergerste, in Mößlitz der Rotklee die beste Vorfrucht, während nach Luzerne an beiden Versuchsorten der niedrigste Ertrag erzielt wird. Der in Mößlitz 1954 festgestellte außergewöhnlich schlechte Vorfruchtwert der Luzerne ist in den folgenden Jahren nicht mehr aufgetreten (Tabelle 5). Wir konnten auch die Ursachen dieses extremen Ertragsabfalles nicht erkennen.

In der zusammenfassenden Auswertung erweist sich der erhebliche Ertragsunterschied zwischen den Versuchsorten als statistisch gut gesichert. Es sind auch gesicherte Vorfruchtwirkungen angezeigt. Eindeutig ist aber nur die schlechte Vorfruchteignung der Luzerne. Weitere Schlüsse lassen die geringen Differenzen der Ertragsmittel nicht zu, weil durch die Signifikanz der Wechselwirkungen auf die unterschiedliche Rangfolge der Vorfrüchte in den Einzelversuchen hingewiesen ist.

Im Verlauf der Jahre ergibt sich in den einzelnen Versuchsorten folgendes Bild:

Tabelle 4

Erbsenerträge beim Anbau in Monokultur und in abwechselnder Anbaufolge mit verschiedenen Leguminosen und Sommergerste (Etzdorf 1954 bis 1958) (Korn in dt/ha bei 86% Trockensubstanz)

Erbsen nach	1954	Rang	1955	Rang	1956	Rang	1957	Rang	1958	Rang
Erbsen	**17,38**	6	**6,19**	1	**3,90**	5	**4,15**	8	**4,82**	8
Ackerbohnen	18,84	4	5,66	5	4,42	2	7,30	2	6,42	3
Phaseolusbohnen	19,15	2	6,00	2	4,38	3	6,02	6	6,19	4
Sojabohnen	18,35	5	5,70	3	4,29	4	4,94	7	6,76	1
Brache	19,07	3	5,47	6	3,82	7	6,93	4	6,53	2
Rotklee	16,86	7	5,43	7	3,75	8	7,27	3	5,82	6
Luzerne	16,02	**8**[1]	5,06	8	4,61	1	6,74	5	5,16	7
Sommergerste	20,09	**1**	5,70	4	3,86	6	8,18	1	6,06	5

[1] Die fett gedruckten Rangzahlen geben an, daß der Ertragswert gesichert vom Mittel des Einzelversuches abweicht.

Tabelle 4a

Varianztabelle der zusammenfassenden Auswertung

Streuungsursache	FG	SQ	MQ	F gegen WW	F gegen Fehler
Blocks	15	205,60			
Versuche (Jahre)	4	4206,45	1051,61	352,89⁺⁺	
Vorfrüchte	7	37,05	5,29	1,78	
WW Jahre × Vorfrüchte	28	83,52	2,98		1,66⁺⁺
Fehler	105	189,40	1,80		

Aus den Tabellen 4 und 4a geht hervor, daß den teilweise gesicherten Ertragsunterschieden des ersten Folgejahres recht ausgeglichene, aber wesentlich niedrigere Erträge in den späteren Jahren gegenüberstehen. Von 1955 bis 1958 hat der F-Test in den Einzelversuchen niemals eine Sicherung ergeben. Die Varianztabelle weist gut gesicherte Ertragsunterschiede zwischen den Jahren und gesicherte Wechselwirkungen nach, während die folgebedingten Ertragsdifferenzen im Zufallsbereich liegen. Dadurch wird die Abhängigkeit des Vorfruchtwertes von der Jahreswitterung angedeutet.

In Mößlitz wurden die in Tabelle 5 verzeichneten Erträge gefunden.

Wie sich zeigt, sind auch dort in den späteren Folgejahren recht ausgeglichene Erträge aufgetreten. Die hohe Sicherung der jährlichen Ertragsunterschiede und der Wechselwirkungen (Tabelle 5a) spricht in Anbetracht der nur zufälligen Vorfruchtwirkungen für den starken Einfluß der Jahreswitterung auf den Vorfruchtwert und auf die absolute Ertragshöhe.

Tabelle 5

Erbsenerträge beim Anbau in Monokultur und in abwechselnder Anbaufolge mit verschiedenen Leguminosen und Hafer (Mößlitz 1954 bis 1957)

(Korn in dt/ha bei 86% Trockensubstanz)

Erbsen nach	1954	Rang	1955	Rang	1956	Rang	1957	Rang
Erbsen	**10,88**	7	**9,60**	4	**4,85**	8	**5,75**	7
Ackerbohnen	11,80	5	10,12	3	5,52	6	6,46	1
Phaseolusbohnen	12,18	2	9,55	5	5,64	5	6,05	6
Sojabohnen	11,91	3	10,43	1	5,31	7	5,66	8
Brache	11,88	4	9,33	6	6,27	1	6,16	2
Rotklee	12,28	**1**	8,21	8	5,80	4	6,09	4
Luzerne	6,47	**8**	9,00	7	6,09	2	6,15	3
Hafer	11,78	6	10,25	2	5,98	3	6,07	5

Tabelle 5a

Varianztabelle der zusammenfassenden Auswertung

Streuungsursache	FG	SQ	MQ	F gegen WW	F gegen Fehler
Blocks	20	247,91			
Versuche (Jahre)	3	1031,55	343,85	50,49++	
Vorfrüchte	7	48,11	6,87	1,01	
WW Jahre × Vorfrüchte	21	143,20	6,81		4,51++
Fehler	140	211,85	1,51		

In Abbildung 3 folgt eine graphische Darstellung der Erträge, um die Ergebnisse der beiden Versuchsorte gegenüberstellen und mit den in den Fruchtfolgen erzielten Erbsenerträgen vergleichen zu können. Dabei ist je eine Ertragslinie für die Erbsenmonokultur, für das Ertragsmittel der Erbsen in den alternierenden Kulturen (arithmetisches Mittel aus Zeile 2 bis 8 in Tabelle 4 und 5) und für den Erbsenertrag in den anliegenden Fruchtfolgen eingezeichnet. Die Zusammenfassung der alternierenden Kulturen zu einer Ertragslinie erscheint berechtigt, da sich in den Gesamtanalysen kein Vorfruchteinfluß nachweisen läßt.

Abbildung 3 zeigt den Ertragsverlauf an beiden Versuchsorten. Nach hohem Anfangsertrag folgt in Etzdorf ein rapider Abfall im zweiten Folgejahr, und dann liegen die Erträge in Etzdorf und Mößlitz annähernd auf gleicher Höhe. Überraschenderweise folgt die Ertragslinie der in Fruchtfolgeversuchen[1] angebauten Erbsen bei höherem Ertragsniveau derjenigen der Monokulturen. Lediglich in Etzdorf prägt sich der Ertragsanstieg von 1956 zu 1957 in den Fruchtfolgen stärker aus. Im Jahre 1958 wurde der Erbsenertrag in den Fruchtfolgen durch Witterungsunbilden vernichtet, deshalb bricht die entsprechende Ertragslinie 1957 ab. Diese Befunde sprechen dafür, daß die Jahreswitterung den entscheidenden Einfluß auf die Ertragshöhe ausgeübt hat. Es ist keine eindeutige Wirkung der Monokultur zu verzeichnen, weil die Ertragslinien der Monokultur und der alternierenden Kulturen dicht zusammenliegen.

[1] Ertragsmittel aus sechs Folgen nach verschiedenen Vorfrüchten.

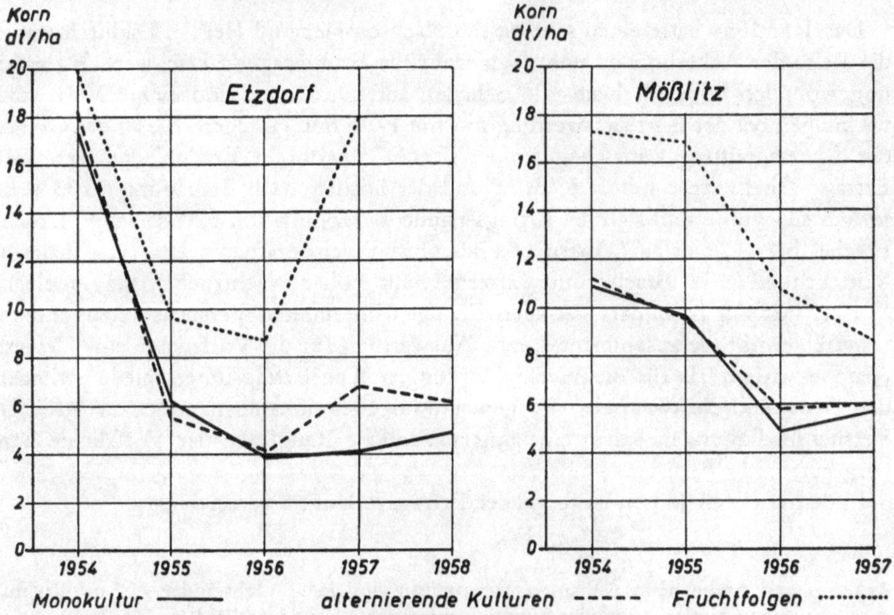

Abb. 3: Erbsenerträge beim Anbau in Monokultur, in alternierenden Kulturen und in Fruchtfolgen von 1954 bis 1958

2. Ackerbohnen *(Vicia faba)*

Die Erträge des ersten Folgejahres gehen aus Tabelle 6 hervor.

Tabelle 6
Ackerbohnenerträge nach verschiedenen Vorfrüchten
(Korn in dt/ha bei 86% Trockensubstanz)

Ackerbohnen nach	Etzdorf 1954	Rang	P %	Mößlitz 1954	Rang	P %	Ertrags-mittel
Erbsen	26,32	4	49,0	7,29	5	32,4	16,81
Ackerbohnen	**27,33**	2	24,5	**10,62**	2	5,4	**18,98**
Phaseolusbohnen	26,82	3	33,0	11,66	1	1,1	19,24
Sojabohnen	24,37	5	76,6	7,18	6	27,9	15,78
Brache	30,33	1	1,1	6,51	8	9,8	18,42
Rotklee	22,94	7	28,5	7,53	4	42,8	15,24
Luzerne	18,63	8	0,36	9,15	3	48,7	13,89
Getreide	23,02	6	33,0	7,00	7	23,9	15,01

Tabelle 6a
Varianztabelle der zusammenfassenden Auswertung

Streuungsursache	FG	SQ	MQ	F gegen WW	F gegen Fehler
Blocks	8	1252,09			
Versuche (Orte)	1	5290,95	5290,95	136,68^{++}	
Vorfrüchte	7	231,85	33,12	—,—	
WW Orte × Vorfrüchte	7	270,96	38,71		3,35^{++}
Fehler	56	647,26	11,56		

Das Jahr 1954 hatte einen sehr nassen Nachsommer und Herbst. Dadurch waren die Reife der Ackerbohnen und noch mehr die Erntebergung erschwert. Es traten ungewöhnlich hohe Verluste und Schäden auf. Deswegen sind einige Vorfruchtwirkungen bei der Einzelauswertung nur mit P-Werten gesichert, die an der Grenze der Überschreitungswahrscheinlichkeit liegen, obwohl in Etzdorf der niedrigste Ertrag nach Luzerne mit 18,63 dt/ha und der höchste nach Brache mit 30,33 dt/ha festgestellt wurde und sich die Ertragsspanne in Mößlitz von 6,51 dt/ha (Vorfrucht Brache) bis 11,66 dt/ha (Vorfrucht Phaseolusbohnen) erstreckt. Bei verschiedenen Vorfrüchten (z. B. Brache und Luzerne) fällt hoher Nachfruchtertrag in einem Versuchsort mit besonders geringen Erträgen im anderen Versuchsort zusammen. Dadurch ergibt die zusammenfassende Auswertung für die Vorfrüchte eine kleinere Gruppenvarianz als für die Wechselwirkungen. Die Ertragsunterschiede zwischen den Orten und die Wechselwirkungen sind hoch signifikant, m. a. W., die örtlichen Versuchsbedingungen haben eine unterschiedliche Rangfolge der Vorfrüchte hervorgerufen.

In den weiteren Jahren ist folgender Ertragsverlauf zu verzeichnen:

Tabelle 7

Ackerbohnenerträge beim Anbau in Monokultur und in abwechselnder Anbaufolge mit verschiedenen Leguminosen und Sommergerste (Etzdorf 1954 bis 1958)

(Korn in dt/ha bei 86% Trockensubstanz)

Ackerbohnen nach	1954	Rang	1955	Rang	1956	Rang	1957	Rang	1958	Rang
Erbsen	26,32	4	26,65	5	9,04	6	13,00	7	34,86	1
Ackerbohnen	**27,33**	2	**23,95**	**8**	**9,42**	5	**15,35**	4	**33,75**	4
Phaseolusbohnen	26,82	3	27,85	4	10,82	1	15,80	3	32,88	5
Sojabohnen	24,37	5	24,94	6	9,65	4	15,03	5	31,44	8
Brache	30,33	**1**	24,50	7	9,76	3	17,17	**1**	32,74	7
Rotklee	22,94	7	31,22	**1**	7,19	7	11,25	**8**	32,83	6
Luzerne	18,63	**8**	29,83	2	6,16	8	13,05	6	34,13	2
Sommergerste	23,02	6	28,52	3	9,88	2	16,03	2	33,85	3
Mittel der alternierenden Kulturen	24,62		27,64		8,93		14,48		33,25	

Tabelle 7a

Varianztabelle der zusammenfassenden Auswertung

Streuungsursache	FG	SQ	MQ	F gegen WW	F gegen Fehler
Blocks	15	2594,06			
Versuche (Jahre)	4	12405,98	3101,50	135,97⁺⁺	
Vorfrüchte	7	112,73	16,10	—,—	
WW Jahre × Vorfrüchte	28	638,69	22,81		2,37⁺⁺
Fehler	105	1012,44	9,64		

Wie aus Tabelle 7 hervorgeht, sind in Etzdorf im ersten, zweiten und vierten Folgejahre bei der Einzelauswertung einige Vorfruchteinflüsse gesichert. Da sich aber die Rangfolge der Vorfrüchte in jedem Versuchsjahre verändert, ergibt die

Endauswertung keine bedeutsamen Vorfruchteinflüsse, sondern eine hohe Signifikanz der Wechselwirkungen (Tabelle 7a). Die erheblichen Ertragsunterschiede zwischen den Jahren sind vor allem durch den Witterungscharakter und auch durch den Schädlingsbefall (starke Blattlausschäden im Jahre 1956) verursacht worden.

Die in Mößlitz ermittelten Erträge enthält Tabelle 8.

Tabelle 8

Ackerbohnenerträge beim Anbau in Monokultur und in abwechselnder Anbaufolge mit verschiedenen Leguminosen und Hafer (Mößlitz 1954 bis 1957)

(Korn in dt/ha bei 86% Trockensubstanz)

Ackerbohnen nach	1954	Rang	1955	Rang	1956	Rang	1957	Rang	Ertragsmittel
Erbsen	7,29	5	41,37	8	46,61	4	5,82	6	25,27
Ackerbohnen	**10,62**	**2**	**43,61**	5	**46,49**	5	**5,40**	7	**26,53**
Phaseolusbohnen	11,66	1	45,24	1	48,81	2	6,56	2	28,07
Sojabohnen	7,18	6	45,10	3	43,72	7	6,11	4	25,52
Brache	6,51	8	42,83	6	38,26	8	6,50	3	23,53
Rotklee	7,53	4	42,58	7	44,37	6	4,82	8	24,83
Luzerne	9,15	3	44,08	4	48,68	3	6,07	5	27,00
Hafer	7,00	7	45,16	2	50,06	1	7,52	1	27,44
Mittel der alternierenden Kulturen	8,05		43,77		45,79		6,20		25,95

Tabelle 8a

Varianztabelle der zusammenfassenden Auswertung

Streuungsursache	FG	SQ	MQ	F gegen gepoolten Fehler	F gegen Fehler
Blocks	20	3555,00			
Versuche (Jahre)	3	68004,99	22668,33	1308,77⁺⁺	
Vorfrüchte	7	380,17	54,31	3,14⁺	
WW Jahre × Vorfrüchte	21	481,03	22,91		1,39
Fehler	140	2306,99	16,48		
gepoolter Fehler	161	2788,02	17,32		

Auch hier treten erhebliche Ertragsunterschiede zwischen den einzelnen Jahren auf. Die Ackerbohne reagiert offenbar besonders deutlich auf die Jahreswitterung, weil die klimatischen Bedingungen der Versuchsorte ihren Ansprüchen nicht ausreichend genügen. Gesicherte Vorfruchtunterschiede sind nur 1954 und 1957 aufgetreten. Da die Wechselwirkungen nicht signifikant sind, haben wir einen gepoolten Fehler für den F-Test benutzt (Seite 37/38). Es werden sehr bedeutsame Jahresschwankungen und gesicherte Vorfruchteinflüsse erkannt. Das Ertragsmittel der vier Nachbaujahre läßt erkennen, daß die Ackerbohnen nach Phaseolusbohnen am besten und nach Brache am schlechtesten gedeihen. Außerdem sind Luzerne und Hafer gute Vorfrüchte und auch nach sich selbst stehen die Ackerbohnen noch gut.

Die Tabellen 7 und 8 zeigen weiterhin, daß die verschiedenen Anbauweisen keine unterschiedlichen Erträge zur Folge haben; denn an beiden Orten und in allen Jahren liegen die Erträge der Monokulturen und die Ertragsmittel der alternierenden Kulturen fast auf gleicher Höhe.

3. Phaseolusbohnen *(Phaseolus vulgaris)*

Die Vorfruchtwerte für Phaseolusbohnen sind in Tabelle 9 eingetragen.

Tabelle 9

Phaseolusbohnenerträge nach verschiedenen Vorfrüchten

(Korn in dt/ha bei 86% Trockensubstanz)

Phaseolusbohnen nach	Etzdorf 1954			Mößlitz 1954			Ertrags-mittel
		Rang	P %		Rang	P %	
Erbsen	30,05	3	92,0	11,72	8	0,20	20,89
Ackerbohnen	33,39	1	0,71	15,92	4	42,80	24,66
Phaseolusbohnen	**32,23**	2	6,0	**19,74**	1	< 0,10	**25,99**
Sojabohnen	26,98	8	2,1	13,16	7	5,4	20,07
Brache	29,59	6	76,6	13,18	6	5,4	21,39
Rotklee	29,76	5	92,0	16,45	2	17,1	23,11
Luzerne	30,03	4	92,0	16,20	3	27,9	23,12
Getreide	27,05	7	2,6	14,61	5	62,0	20,83

Tabelle 9a

Varianztabelle der zusammenfassenden Auswertung

Streuungsursache	FG	SQ	MQ	F gegen gepoolten Fehler	F gegen Fehler
Blocks	8	424,99			
Versuche (Orte)	1	4182,92	4182,92	577,75^{++}	
Vorfrüchte	7	314,09	44,87	6,20^{++}	
WW Orte x Vorfrüchte	7	89,44	12,78		1,95
Fehler	56	366,98	6,55		
gepoolter Fehler	63	456,42	7,24		

Daraus geht hervor, daß die Phaseolusbohnen nach sich selbst und nach Ackerbohnen gut gedeihen. Im Ertragsmittel schneiden sie nach Erbsen, Sojabohnen, Getreide und bemerkenswerterweise auch nach Brache weniger günstig ab. Diese Befunde sind in den Einzelversuchen teilweise statistisch gesichert und werden durch die zusammenfassende Auswertung bestätigt. Der F-Test muß dabei wieder mit dem gepoolten Fehler durchgeführt werden, weil die Wechselwirkungen nur zufälliger Art sind.

In den weiteren Versuchsjahren haben sich folgende Erträge ergeben (Tab. 10).

Aus Tabelle 10 ist zu ersehen, daß die Rangfolge der Vorfrüchte im Verlaufe der Jahre stark wechselt. In den Jahren 1954, 1957 und 1958 sind ganz unterschiedliche Vorfruchteinflüsse, z. B. auf Rang 1 1954 Ackerbohnen, 1957 Brache und 1958 Luzerne, statistisch gesichert. Hier zeigt sich wahrscheinlich der Einfluß der Witte-

Tabelle 10

Phaseolusbohnenerträge beim Anbau in Monokultur und in abwechselnder Anbaufolge mit verschiedenen Leguminosen und Sommergerste (Etzdorf 1954 bis 1958)

(Korn in dt/ha bei 86% Trockensubstanz)

Phaseolusbohnen nach	1954	Rang	1955	Rang	1956	Rang	1957	Rang	1958	Rang
Erbsen	30,05	3	27,14	3	20,55	6	18,81	4	23,19	4
Ackerbohnen	33,39	**1**	27,98	1	22,52	1	20,77	3	22,50	5
Phaseolusbohnen	**32,23**	2	**25,35**	5	**18,58**	8	**16,71**	7	**15,13**	**8**
Sojabohnen	26,98	**8**	23,86	**7**	20,41	7	17,65	5	21,67	6
Brache	29,59	6	23,64	8	21,64	3	21 90	**1**	21,35	7
Rotklee	29,76	5	24,40	6	20,61	5	12,79	**8**	23,47	3
Luzerne	30,03	4	27,83	2	21,83	2	17,56	6	27,73	1
Sommergerste	27,05	**7**	25,69	4	21,19	4	21,34	2	25,77	2

Tabelle 10a

Varianztabelle der zusammenfassenden Auswertung

Streuungsursache	FG	SQ	MQ	F gegen WW	F gegen Fehler
Blocks	15	518,96			
Versuche (Jahre)	4	2524,22	631,06	28,63^{++}	
Vorfrüchte	7	279,28	39,90	1,81	
WW Jahre x Vorfrüchte	28	617,08	22,04		2,80^{++}
Fehler	105	825,77	7,86		

rung. Dafür spricht auch die hohe Signifikanz der Wechselwirkungen in der zusammenfassenden Auswertung. Es fällt besonders auf, daß der Anbau von Phaseolusbohnen nach sich selbst nur in den ersten Folgejahren vorteilhaft ist, dann steht die Monokultur ab 1956 auf dem vorletzten oder letzten Rang.

In Mößlitz haben wir ähnliche Verhältnisse zu verzeichnen (Tabelle 11).

Tabelle 11

Phaseolusbohnenerträge beim Anbau in Monokultur und in abwechselnder Anbaufolge mit verschiedenen Leguminosen und Hafer (Mößlitz 1954 bis 1957)

(Korn in dt/ha bei 86% Trockensubstanz)

Phaseolusbohnen nach	1954	Rang	1955	Rang	1956	Rang	1957	Rang
Erbsen	11,72	**8**	25,82	7	14,78	6	7,39	**8**
Ackerbohnen	15,92	4	29,59	1	15,70	2	12,05	3
Phaseolusbohnen	**19,74**	**1**	**28,77**	2	**14,67**	7	**8,26**	7
Sojabohnen	13,16	7	28,37	4	13,52	8	10,58	6
Brache	13,18	6	27,45	5	15,50	4	12,02	4
Rotklee	16,45	2	23,22	8	15,53	3	11,63	5
Luzerne	16,20	3	26,82	6	16,63	1	12,73	2
Hafer	14,61	5	28,73	3	14,97	5	13,24	**1**

Tabelle 11a

Varianztabelle der zusammenfassenden Auswertung

Streuungsursache	FG	SQ	MQ	F gegen WW	F gegen Fehler
Blocks	20	1293,30			
Versuche (Jahre)	3	7197,22	2399,07	115,67++	
Vorfrüchte	7	230,54	32,93	1,59	
WW Jahre x Vorfrüchte	21	435,64	20,74		2,13++
Fehler	140	1366,84	9,76		

Es sind wieder die Ertragsunterschiede zwischen den Jahren und die Wechselwirkungen Jahre mal Vorfrüchte statistisch gut gesichert, wodurch erneut die beherrschende Wirkung des Vegetationsverlaufes zum Ausdruck kommt. In den Einzelversuchen treten nur im ersten und vierten Folgejahre gesicherte vorfruchtbedingte Ertragsunterschiede auf. Dabei nimmt die Monokultur anfangs den ersten und 1957 den vorletzten Rang unter den Vorfrüchten ein. Der Hafer verhält sich gerade umgekehrt, er rückt von einer Mittelstellung zur besten Vorfrucht im vierten Folgejahre auf.

In Abbildung 4 ist der Ertrag der Monokultur dem Ertragsmittel der alternierenden Kulturen gegenübergestellt.

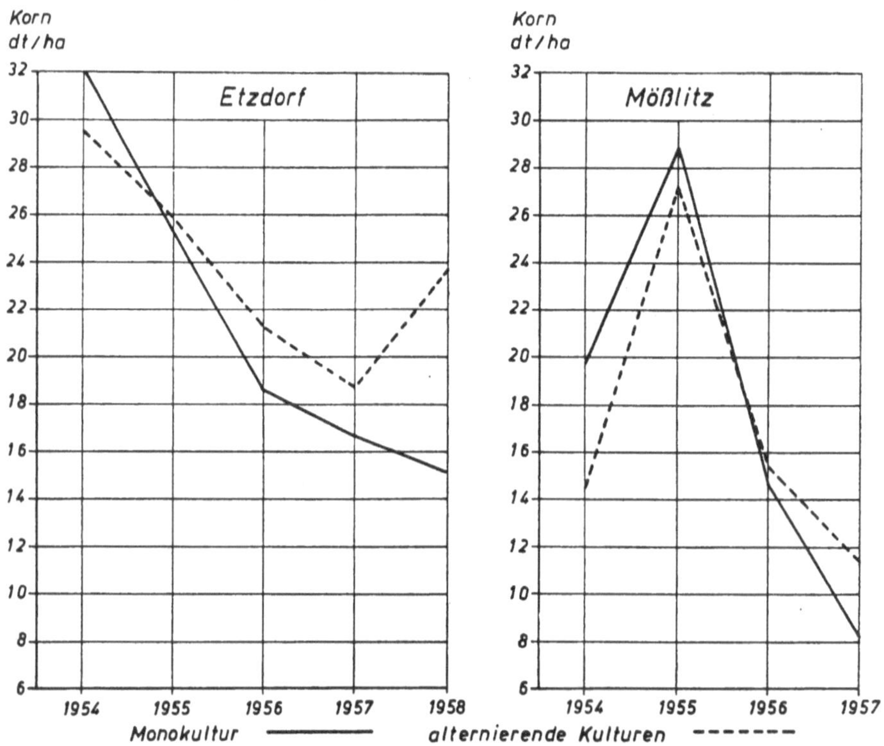

Abb. 4: Phaseolusbohnenerträge beim Anbau in Monokultur und in alternierenden Kulturen von 1954 bis 1958

Daraus geht hervor, daß die Monokultur in beiden Versuchsorten mit einem höheren Ertrag einsetzt als die alternierenden Kulturen. In Etzdorf überschneiden sich die Ertragslinien aber bereits im zweiten, in Mößlitz im dritten Folgejahre. 1957 ist dann die Monokultur an beiden Versuchsorten deutlich ertragsunterlegen, und 1958 hat sich diese Entwicklung in Etzdorf noch mehr ausgeprägt. Die Ertragsdifferenz zwischen dem Anbau von Phaseolusbohnen nach sich selbst und der abwechselnden Anbaufolge zeigt eine Monokulturwirkung an, die sich gegen die jährlichen Witterungseinflüsse durchsetzt. Sie ist aber nicht grundsätzlich günstig, wie bisher angenommen wird (ROEMER und SCHEFFER, 1953, S. 175), sondern schlägt schon im zweiten bzw. dritten Nachbaujahr in eine Ertragsdepression um.

4. Sojabohnen *(Glycine soja)*

Obwohl die Sojabohne in Mitteldeutschland keine Anbaubedeutung erlangt hat, wurde sie in die Versuche aufgenommen, weil wir prüfen wollten, ob sie auch in Deutschland Ertragsanstieg durch Monokultur zeigt, wie das in Ungarn beobachtet wurde (Seite 33). Unsere Bestände wurden nicht geimpft und blieben deswegen ohne Knöllchenbesatz.

Die Erträge des ersten Nachbaues sind in Tabelle 12 verzeichnet.

Tabelle 12
Sojabohnenerträge nach verschiedenen Vorfrüchten
(Korn in dt/ha bei 86% Trockensubstanz)

Sojabohnen nach	Etzdorf 1954			Mößlitz 1954			Ertragsmittel
		Rang	P %		Rang	P %	
Erbsen	6,55	7	4,0	5,27	4	69,0	5,91
Ackerbohnen	9,69	1	<0,10	4,88	7	11,9	7,29
Phaseolusbohnen	8,21	3	28,5	5,08	5	32,4	6,65
Sojabohnen	**7,24**	5	43,1	**5,05**	6	27,9	**6,15**
Brache	8,72	2	4,9	6,05	2	8,1	7,39
Rotklee	7,54	4	84,1	6,71	1	<0,10	7,13
Luzerne	6,25	8	1,4	5,75	3	37,4	6,00
Getreide	7,07	6	28,5	4,65	8	3,6	5,86

Tabelle 12a
Varianztabelle der zusammenfassenden Auswertung

Streuungsursache	FG	SQ	MQ	F gegen WW	F gegen Fehler
Blocks	8	75,80			
Versuche (Orte)	1	95,14	95,14	$20{,}37^{++}$	
Vorfrüchte	7	24,50	3,50	—	
WW Orte x Vorfrüchte	7	32,70	4,67		$4{,}72^{++}$
Fehler	56	55,35	0,99		

Nach Tabelle 12 erweisen sich in Etzdorf Ackerbohnen, Phaseolusbohnen und Brache als gute Vorfrüchte für Soja. Von diesen ist die Brache auch in Mößlitz günstig, aber die Ackerbohnen nehmen dort den vorletzten Rang ein. An beiden

Versuchsorten schneiden Sojabohnen nach sich selbst nur mittelmäßig ab. Hier tritt wiederholt der Fall ein, daß in den Einzelversuchen Vorfruchtwirkungen gut gesichert sind, aber einander widersprechen, wie das der hohe F-Wert für die Wechselwirkungen anzeigt.

In den folgenden Jahren wurden in Etzdorf die in Tabelle 13 aufgeführten Erträge festgestellt:

Tabelle 13

Sojabohnenerträge beim Anbau in Monokultur und in abwechselnder Anbaufolge mit verschiedenen Leguminosen und Sommergerste (Etzdorf 1954 bis 1958)

(Korn in dt/ha bei 86% Trockensubstanz)

Sojabohnen nach	1954	Rang	1955	Rang	1956	Rang	1957	Rang	1958	Rang
Erbsen	6,55	**7**	5,54	1	3,30	6	3,76	2	7,12	5
Ackerbohnen	9,69	**1**	4,83	4	3,46	4	3,61	3	6,37	7
Phaseolusbohnen	8,21	3	4,91	2	3,58	3	3,26	4	7,68	3
Sojabohnen	**7,24**	5	**4,36**	5	**3,69**	2	**5,43**	**1**	**4,66**	8
Brache	8,72	2	4,87	3	3,37	5	2,12	7	8,27	2
Rotklee	7,54	4	3,23	6	2,80	7	1,54	**8**	6,46	6
Luzerne	6,25	**8**	2,80	8	2,75	8	2,36	6	7,53	4
Sommergerste	7,07	6	2,98	7	3,70	1	2,82	5	8,80	1
Mittel der alternierenden Kulturen	7,72		4,17		3,29		2,78		7,46	

Tabelle 13a

Varianztabelle der zusammenfassenden Auswertung

Streuungsursache	FG	SQ	MQ	F gegen WW	F gegen Fehler
Blocks	15	312,79			
Versuche (Jahre)	4	590,00	147,50	33,52++	
Vorfrüchte	7	34,95	4,90	1,13	
WW Jahre x Vorfrüchte	28	123,25	4,40		1,71+
Fehler	108	278,12	2,58		

Tabelle 12 zeigt, daß bei Sojabohnen in allen Anbaujahren größere Ertragsschwankungen auftreten, nur 1956 sind die Erträge ausgeglichener. Gesicherte Vorfruchtwirkungen haben wir aber nur im ersten und vierten Folgejahr gefunden. Wegen der späten Reife gab es Ernteschwierigkeiten, wodurch sich der Versuchsfehler stark erhöht hat. Die Monokultur ist in den ersten Jahren nicht begünstigt, 1955, 1956 und 1957 erweist sie sich mehr oder weniger ertragsüberlegen, und 1958 fällt sie gegen das Mittel der alternierenden Kulturen sehr stark ab. Die Rangfolge der Vorfrüchte verschiebt sich von Jahr zu Jahr, und die statistische Gesamtauswertung ergibt nur gesicherte Jahresschwankungen und Wechselwirkungen.

Von Mößlitz liegen die in Tabelle 14 verzeichneten Erträge vor.

Daraus ist ersichtlich, daß die Erträge in Mößlitz in jedem Jahre ausgeglichener als in Etzdorf sind. Im ersten und vierten Folgejahre haben sich gesicherte Vorfruchtwirkungen ergeben. Die Monokultur bringt in keinem Jahr den höchsten

Tabelle 14

Sojabohnenerträge beim Anbau in Monokultur und in abwechselnder Anbaufolge mit verschiedenen Leguminosen und Hafer (Mößlitz 1954 bis 1957)

(Korn in dt/ha bei 86% Trockensubstanz)

Sojabohnen nach	1954	Rang	1955	Rang	1956	Rang	1957	Rang
Erbsen	5,27	4	1,24	5	5,34	2	3,75	6
Ackerbohnen	4,88	7	1,29	4	4,64	5	3,32	7
Phaseolusbohnen	5,08	5	1,23	6	4,08	7	4,26	3
Sojabohnen	**5,05**	6	**1,46**	2	**4,93**	4	**3,90**	4
Brache	6,05	2	1,17	7	4,36	6	4,80	2
Rotklee	6,71	1	1,00	8	5,10	3	2,93	8
Luzerne	5,75	3	1,48	1	3,54	8	3,77	5
Hafer	4,65	8	1,44	3	5,43	1	5,05	1
Mittel der alternierenden Kulturen	5,48		1,27		4,64		3,98	

Tabelle 14a

Varianztabelle der zusammenfassenden Auswertung

Streuungsursache	FG	SQ	MQ	F gegen WW	F gegen Fehler
Blocks	20	103,18			
Versuche (Jahre)	3	468,46	156,15	54,41⁺⁺	
Vorfrüchte	7	6,00	0,86	—	
WW Jahre x Vorfrüchte	21	60,38	2,87		3,38⁺⁺
Fehler	140	119,61	0,85		

Ertrag, übertrifft aber 1955 und 1956 das Mittel der alternierenden Kulturen. Im übrigen gleichen die statistischen Befunde denen von Etzdorf.

5. Rotklee *(Trifolium pratense)*

Durch die Bindung an den beschriebenen Versuchsplan (Seite 35) wurde der Rotklee nicht überjährig genutzt, wie es in der landwirtschaftlichen Praxis allgemein üblich ist, sondern in jedem Jahr als Blanksaat bestellt, in der Regel zweimal geschnitten und dann mit dem Gesamtversuch umgebrochen. Infolgedessen kann nicht gesagt werden, wie die Vorfrüchte bei der landläufigen Nutzungsweise zu beurteilen sind.

Unter den beschriebenen Bedingungen eignen sich die geprüften Arten als Rotkleevorfrüchte in der Weise, wie es aus Tabelle 15 hervorgeht.

Obwohl das Ertragsniveau in Etzdorf nahezu um 20 dt höher als in Mößlitz liegt, werden beim Anbau nach sich selbst, nach Luzerne und nach Sojabohnen an beiden Versuchsorten schlechte Rotkleeerträge erzielt. Dagegen sind die Erträge nach Erbsen, Ackerbohnen und Phaseolusbohnen gut, wenn sich auch die Rangfolge der guten Vorfrüchte derart verschiebt, daß in Etzdorf nach Phaseolusbohnen die höchste und nach Erbsen die niedrigste Menge an Trockensubstanz eingebracht wurde, während es in Mößlitz gerade umgekehrt ist. Bei der Getreidevorfrucht liegen die Verhältnisse ähnlich, hier haben aber verschiedene Arten als Vorfrucht

Tabelle 15

Rotkleeerträge nach verschiedenen Vorfrüchten
(Trockensubstanz von zwei Schnitten in dt/ha)

Rotklee nach	Etzdorf 1954			Mößlitz 1954			Ertrags-mittel
		Rang	P %		Rang	P %	
Erbsen	69,07	3	1,1	48,10	2	2,3	58,59
Ackerbohnen	69,65	2	0,57	47,60	3	5,4	58,63
Phaseolusbohnen	74,05	1	<0,10	44,32	4	55,4	59,19
Sojabohnen	63,70	5	92,00	41,69	8	1,4	52,70
Brache	67,37	4	7,2	44,02	5	42,8	55,70
Rotklee	**55,35**	7	<0,10	**42,55**	7	6,6	**48,95**
Luzerne	49,05	8	<0,10	42,75	6	8,1	45,90
Getreide	61,06	6	17,7	49,22	1	0,26	55,14

Tabelle 15a

Varianztabelle der zusammenfassenden Auswertung

Streuungsursache	FG	SQ	MQ	F gegen WW	F gegen Fehler
Blocks	8	3494,88			
Versuche (Orte)	1	6663,86	6663,86	47,86⁺⁺	
Vorfrüchte	7	1274,91	182,13	1,31	
WW Orte × Vorfrüchte	7	974,65	139,24		10,46⁺⁺
Fehler	56	745,33	13,31		

gestanden, nämlich Sommergerste mit mäßiger Vorfruchteignung in Etzdorf und Hafer mit sehr guter Vorfruchteignung in Mößlitz.

Diese Befunde sind in den Einzelversuchen zum Teil gesichert. In der zusammenfassenden Auswertung lassen sich aus den mehrfach erwähnten Gründen statistisch gesicherte Vorfruchtwirkungen nicht belegen, obwohl Luzerne, Rotklee und Sojabohnen auch im Ertragsmittel als schlechteste Vorfrüchte erscheinen.

In den folgenden Versuchsjahren konnten wir nachstehende Ergebnisse gewinnen:

Tabelle 16

Rotkleeerträge beim Anbau in Monokultur und in abwechselnder Anbaufolge mit verschiedenen Leguminosen und Sommergerste (Etzdorf 1954 bis 1958)

(Trockensubstanz von zwei Schnitten in dt/ha)

Rotklee nach	1954	Rang	1955	Rang	1956	Rang	1957	Rang	1958	Rang	Ertrags-mittel
Erbsen	69,07	3	45,86	6	46,22	4	50,50	5	79,20	4	60,17
Ackerbohnen	69,65	2	47,20	5	56,14	5	54,98	2	78,32	5	61,26
Phaseolusbohnen	74,05	1	51,58	3	57,41	2	50,72	4	79,90	3	62,73
Sojabohnen	63,70	5	45,44	7	57,45	1	46,72	6	76,59	7	57,98
Brache	67,37	4	52,38	2	56,28	3	56,30	1	85,28	1	63,52
Rotklee	**55,35**	7	**41,70**	8	**47,95**	8	**32,16**	8	**69,41**	8	**49,31**
Luzerne	49,05	8	49,16	4	53,20	7	46,30	7	77,91	6	55,12
Sommergerste	61,06	6	52,59	1	54,58	6	52,70	3	81,44	2	60,47

Tabelle 16a

Varianztabelle der zusammenfassenden Auswertung

Streuungsursache	FG	SQ	MQ	F gegen WW	F gegen Fehler
Blocks	15	3890,55			
Versuche (Jahre)	4	20438,27	5109,56	82,20++	
Vorfrüchte	7	3052,14	436,02	7,01++	
WW Jahre × Vorfrüchte	28	1740,47	62,16		2,84++
Fehler	105	2295,88	21,87		

In Tabelle 16a bemerken wir den seltenen Fall, daß neben den gesicherten Jahresschwankungen und trotz gut gesicherter Wechselwirkungen auch der Vorfruchteinfluß hoch signifikant ist. Es wird deshalb das Ertragsmittel aus den fünf Folgejahren angegeben. Dadurch ist noch einmal unterstrichen, daß Rotklee mit sich selbst, mit Sojabohnen und Luzerne nicht verträglich ist. Er bringt nach diesen Vorfrüchten ständig Mindererträge. In bezug auf die weiteren Vorfrüchte sind die Differenzen zwischen den mittleren Erträgen der fünf Folgejahre gering. An erster Stelle steht die Brache, ihr folgen die Phaseolusbohnen.

Tabelle 17 gibt den Ertragsverlauf in Mößlitz an.

Tabelle 17

Rotkleeerträge beim Anbau in Monokultur und in abwechselnder Anbaufolge mit verschiedenen Leguminosen und Hafer (Mößlitz 1954 bis 1957)

(Trockensubstanz von zwei Schnitten in dt/ha)

Rotklee nach	1954	Rang	1955	Rang	1956	Rang	1957	Rang
Erbsen	48,10	2	50,47	1	55,25	6	41,75	3
Ackerbohnen	47,60	3	49,61	2	55,54	5	41,96	2
Phaseolusbohnen	44,32	4	47,56	5	56,27	3	41,61	4
Sojabohnen	41,69	8	46,67	7	54,75	7	40,98	5
Brache	44,02	5	47,11	6	55,73	4	42,59	1
Rotklee	**42,55**	7	**39,19**	8	**58,10**	1	**33,44**	8
Luzerne	42,75	6	48,23	4	49,31	8	40,86	6
Hafer	42,92	1	49,27	3	58,05	2	38,75	7

Tabelle 17a

Varianztabelle der zusammenfassenden Auswertung

Streuungsursache	FG	SQ	MQ	F gegen WW	F gegen Fehler
Blocks	20	3632,50			
Versuche (Jahre)	3	5746,30	1915,43	45,05++	
Vorfrüchte	7	659,09	94,16	2,21	
WW Jahre × Vorfrüchte	21	882,90	42,52		2,40++
Fehler	140	2481,93	17,73		

Dort sind die Ertragsdifferenzen in jedem Jahre geringer als in Etzdorf, aber in den ersten drei Folgejahren treten gesicherte Unterschiede auf. Die Gesamtauswertung ergibt dennoch keine statistisch belegten Vorfruchteinflüsse über die gesamte Versuchszeit. Sie werden wieder von Wechselwirkungen überlagert.

Sehr aufschlußreich ist schließlich die graphische Darstellung der Erträge (Abbildung 5). Auch hier wurde nur je eine Ertragslinie für die Monokultur und für das Ertragsmittel der alternierenden Kulturen eingetragen, wenn auch in Etzdorf gesicherte Vorfruchtunterschiede vorliegen, weil so die Übersichtlichkeit erhalten bleibt und das Typische hervortritt.

Abbildung 5 zeigt, daß die Erträge von 1954 bis 1957 (Abbruch des Versuches in Mößlitz) in beiden Versuchsorten nicht sehr voreinander abweichen und prinzipiell gleichartig verlaufen, wenn man davon absieht, daß Etzdorf einen etwas

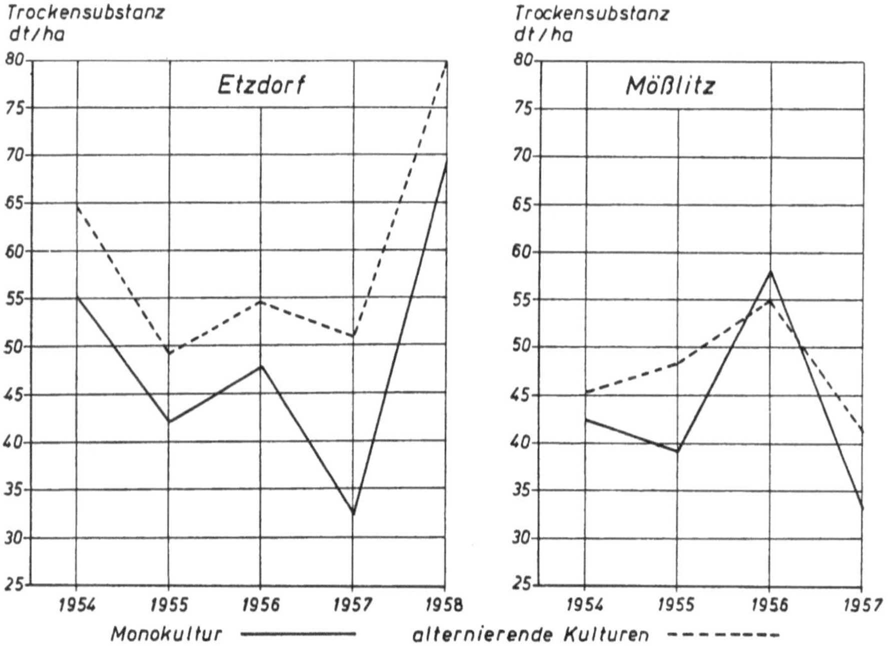

Abb. 5: Rotklee-Erträge beim Anbau in Monokultur und in alternierenden Kulturen von 1954 bis 1958

höheren Anfangsertrag hat. Die Monokultur bringt fast durchweg schlechtere Erträge als die alternierenden Kulturen, nur 1956 ist sie in Mößlitz schwach ertragsüberlegen. Der Ertrag der Monokultur fällt aber während der Versuchsdauer nicht sukzessive ab, wie das häufig angenommen wird, sondern schwankt je nach Gunst oder Ungunst der Vegetationsbedingungen, insbesondere der Witterung, und übersteigt selbst im fünften Folgejahre den Anfangsertrag (Etzdorf), wenn sich entsprechende Wachstumsbedingungen einstellen. Eine negative Monokulturwirkung ist dennoch vorhanden, wie das der Abstand der Ertragslinien erkennen läßt.

6. Luzerne *(Medicago media)*

Bei der Aufnahme der Luzerne in den Verträglichkeitsversuch mußten wir uns entschließen, von der üblichen Anbauweise mit mehrjähriger Nutzung abzugehen.

Die Art der Versuchsanlage erfordert jährlich Umbruch und Neuansaat. Wir haben auch die Luzerne dieser Behandlung unterzogen, um sie überhaupt in den Versuch aufnehmen zu können. Dabei war ein erhöhtes Ansaatrisiko zu übernehmen. In manchen Jahren stand auch nur schlechtes Saatgut zur Verfügung, so daß verschiedentlich nachbestellt werden mußte. Auf Grund dessen werden die Ergebnisse mit Vorbehalt dargelegt, insbesondere der Ertragsverlauf über die Jahre. Die genannten Umstände sind vornehmlich für die Beurteilung der absoluten Ertragshöhe von Bedeutung, weil wir grundsätzlich die Erträge von Frühjahrsblanksaaten im Ansaatjahr vergleichen. Trotz dieser Einschränkungen sind die Ergebnisse des ersten Nachbaujahres und das Verhalten der Monokultur gegenüber der abwechselnden Anbaufolge von Interesse, und es muß hervorgehoben werden, daß es bisher fünf Jahre lang gelungen ist, gute Luzernebestände nach sich selbst durch Blanksaat zu erzielen.

In Tabelle 18 sind die Vorfruchtwerte für Luzerne zusammengefaßt.

Tabelle 18

Luzerneerträge nach verschiedenen Vorfrüchten (Trockensubstanz von zwei Schnitten in dt/ha)

Luzerne nach	Etzdorf 1954			Mößlitz 1954			Ertragsmittel
		Rang	P %		Rang	P %	
Erbsen	45,41	3	0,89	56,47	5	62,0	50,94
Ackerbohnen	47,75	1	<0,10	63,70	2	8,1	55,73
Phaseolusbohnen	45,63	2	0,57	67,56	1	0,55	56,60
Sojabohnen	41,89	6	24,5	56,14	6	55,4	49,02
Brache	43,49	5	49,0	62,21	3	20,4	52,85
Rotklee	37,97	7	<0,10	47,63	8	0,33	42,80
Luzerne	**37,38**	8	<0,10	**53,27**	7	17,1	**45,33**
Getreide	43,96	4	24,5	56,59	4	69,0	50,27

Tabelle 18a

Varianztabelle der zusammenfassenden Auswertung

Streuungsursache	FG	SQ	MQ	F gegen gepoolten Fehler	F gegen Fehler
Blocks	8	2123,48			
Versuche (Orte)	1	4328,34	4328,34	$93{,}97^{++}$	
Vorfrüchte	7	1781,61	254,52	$5{,}53^{++}$	
WW Orte × Vorfrüchte	7	272,99	39,00		–,–
Fehler	56	2629,04	46,95		
gepoolter Fehler	63	2909,03	46,06		

Daraus ist zu ersehen, daß die Ergebnisse an beiden Versuchsorten gut übereinstimmen; es treten keine bedeutsamen Wechselwirkungen auf. Dagegen sind die Vorfruchteinflüsse statistisch gut gesichert. Nach Rotklee und Luzerne werden schlechte Erträge festgestellt, während sich Ackerbohnen und Phaseolusbohnen besonders gut als Luzernevorfrucht eignen. In Etzdorf schneiden auch die Erbsen und in Mößlitz die Brache gut ab. Die übrigen Arten treten nicht hervor.

Bei der Fortführung der Versuche ergaben sich folgende Verhältnisse:

Tabelle 19

Luzerneerträge beim Anbau in Monokultur und in abwechselnder Anbaufolge mit verschiedenen Leguminosen und Sommergerste (Etzdorf 1954 bis 1958)

(Trockensubstanz von zwei Schnitten in dt/ha)

Luzerne nach	1954	Rang	1955	Rang	1956	Rang	1957	Rang	1958	Rang	Ertragsmittel
Erbsen	45,41	**3**	57,41	5	52,25	3	44,72	**6**	57,19	3	51,40
Ackerbohnen	47,75	**1**	57,13	6	52,92	2	49,06	**2**	61,00	**1**	53,57
Phaseolusbohnen	45,63	**2**	63,84	**1**	51,95	4	47,58	**3**	55,83	4	52,97
Sojabohnen	41,89	6	55,64	**7**	48,91	8	45,81	4	55,81	5	49,61
Brache	43,49	5	59,94	3	50,98	6	51,58	**1**	58,00	2	52,80
Rotklee	37,97	**7**	53,33	**8**	51,55	5	41,45	**8**	55,73	6	48,01
Luzerne	**37,38**	**8**	**58,28**	4	**48,95**	7	**42,17**	**7**	**46,61**	**8**	**46,68**
Sommergerste	43,96	**4**	63,53	**2**	54,73	1	44,75	**5**	54,40	7	52,27
Mittel der alternierenden Kulturen	43,73		58,69		51,90		46,42		56,85		51,52

Tabelle 19a

Varianztabelle der zusammenfassenden Auswertung

Streuungsursache	FG	SQ	MQ	F gegen WW	F gegen Fehler
Blocks	15	3730,85			
Versuche (Jahre)	4	5460,07	1365,18	49,90^{++}	
Vorfrüchte	7	900,13	128,59	4,70^{++}	
WW Jahre × Vorfrüchte	28	765,94	27,36		2,10^{++}
Fehler	105	1366,97	13,02		

Die Futterleguminosen sind offenbar besonders vorfruchtempfindlich; denn Tabelle 19 zeigt, daß sich bei der Luzerne die Vorfruchtwirkungen in Etzdorf über die Jahre hinweg durchsetzen, obwohl gut gesicherte Wechselwirkungen vorliegen. Das war auch schon beim Rotklee der Fall (Tabelle 16). Im Durchschnitt der Jahre erweisen sich Luzerne, Rotklee und Sojabohnen als ungeeignete Vorfrüchte für Luzerne. Am besten gedeiht sie nach Acker- und Phaseolusbohnen, die anderen Arten folgen bezüglich ihrer Vorfruchteignung dicht darauf. Die Monokultur liegt wie beim Rotklee immer unter dem Mittel der alternierenden Kulturen.

In Mößlitz ließen sich so eindeutige Ergebnisse nicht finden (Tabelle 20).

Tabelle 20 zeigt deutliche Ertragsunterschiede. In jedem Jahre sind Vorfruchteinflüsse statistisch gesichert, aber die zusammenfassende Auswertung ergibt nur gut gesicherte Jahresschwankungen und Wechselwirkungen. Das ist durch die in jedem Jahr veränderte Rangfolge der Vorfrüchte verursacht, die sich so stark verschiebt, daß 1957 sogar nach Ackerbohnen, die sonst immer günstig liegen, ein schlechter Ertrag gefunden wurde. Die Monokultur verursacht Ertragsabfall.

Tabelle 20

Luzerneerträge beim Anbau in Monokultur und in abwechselnder Anbaufolge mit verschiedenen Leguminosen und Hafer (Mößlitz 1954 bis 1957)

(Trockensubstanz von zwei Schnitten in dt/ha)

Luzerne nach	1954	Rang	1955	Rang	1956	Rang	1957	Rang
Erbsen	56,47	5	34,42	2	43,39	5	39,15	3
Ackerbohnen	63,70	2	34,59	1	47,39	1	37,23	5
Phaseolusbohnen	67,56	1	31,92	5	41,54	7	39,55	2
Sojabohnen	56,14	6	33,65	4	42,23	6	35,71	8
Brache	62,21	3	30,27	6	45,68	4	40,96	1
Rotklee	47,63	8	29,82	7	46,02	3	37,44	4
Luzerne	**53,27**	7	**29,42**	8	**40,43**	8	**36,71**	7
Hafer	56,59	4	34,21	3	47,04	2	36,94	6
Mittel der alternierenden Kulturen	58,61		32,70		44,76		38,14	

Tabelle 20a

Varianztabelle der zusammenfassenden Auswertung

Streuungsursache	FG	SQ	MQ	F gegen WW	F gegen Fehler
Blocks	20	2831,84			
Versuche (Jahre)	3	17523,38	5841,13	$82{,}13^{++}$	
Vorfrüchte	7	872,15	116,02	1,63	
WW Jahre × Vorfrüchte	21	1493,57	71,12		$3{,}12^{++}$
Fehler	140	3188,71	22,78		

7. Getreide

Vom Getreide standen verschiedene Arten in den Versuchen, nämlich Sommergerste *(Hordeum vulgare)* in Etzdorf und Hafer *(Avena sativa)* in Mößlitz. Auf Grund unserer Erfahrungen über die Veränderung der Vorfruchtwerte durch den Standort und die Vegetationsbedingungen ist es nicht angebracht, die Ergebnisse des ersten Nachbaujahres gesondert zu besprechen, weil sie zu wenig aussagen. Deshalb gehen wir gleich auf den Ertragsverlauf während der gesamten Versuchszeit ein:

Tabelle 21

Sommergerstenerträge beim Anbau in Monokultur und in abwechselnder Anbaufolge mit verschiedenen Leguminosen (Etzdorf 1954 bis 1958)

(Korn in dt/ha bei 86% Trockensubstanz)

Sommergerste nach	1954	Rang	1955	Rang	1956	Rang	1957	Rang	1958	Rang
Erbsen	35,40	4	24,40	8	27,31	2	43,50	4	32,20	4
Ackerbohnen	45,74	1	27,96	3	25,63	4	42,01	5	32,06	5
Phaseolusbohnen	42,83	2	27,09	5	27,21	3	45,65	1	31,89	6
Sojabohnen	33,29	6	27,42	4	23,75	6	45,14	2	31,53	7
Brache	40,58	3	25,74	7	18,81	8	34,82	8	27,37	8
Rotklee	34,54	5	25,94	6	22,97	7	41,85	7	36,25	1
Luzerne	30,46	8	33,22	1	25,33	5	44,52	3	32,67	3
Sommergerste	**31,76**	7	**28,60**	2	**29,69**	1	**42,01**	6	**34,91**	2

Tabelle 21a

Varianztabelle der zusammenfassenden Auswertung

Streuungsursache	FG	SQ	MQ	F gegen WW	F gegen Fehler
Blocks	15	613,87			
Versuche (Jahre)	4	6284,16	1571,04	25,71++	
Vorfrüchte	7	407,41	58,20	—	
WW Jahre × Vorfrüchte	28	1711,03	61,11		7,59++
Fehler	105	845,06	8,05		

Nach Tabelle 21 treten bei der Sommergerste statistisch gesicherte, vorfruchtabhängige Ertragsschwankungen in jedem Jahr auf, aber in der Endauswertung erweist sich die Gruppenvarianz der Wechselwirkungen größer als die der Vorfrüchte. Ist dadurch die Rangfolge der Vorfrüchte auch als zufällig gekennzeichnet, erscheint es doch bemerkenswert, daß nach Brache in der Regel schlechte, 1956, 1957 und 1958 sogar die schlechtesten Erträge von der Sommergerste erzielt wurden.

Der Hafer hat die in Tabelle 22 angegebenen Erträge geliefert.

Tabelle 22

Hafererträge beim Anbau in Monokultur und in abwechselnder Anbaufolge mit verschiedenen Leguminosen (Mößlitz 1954 bis 1957)

Hafer nach	1954	Rang	1955	Rang	1956	Rang	1957	Rang	Ertrags-mittel
Erbsen	20,87	4	38,96	5	22,59	3	12,67	3	23,77
Ackerbohnen	25,86	1	39,99	2	24,39	1	11,49	6	25,43
Phaseolusbohnen	24,58	3	37,91	6	15,59	5	11,64	5	22,43
Sojabohnen	15,40	7	36,56	7	14,89	6	9,85	7	19,18
Brache	17,60	6	39,32	4	8,44	8	13,30	2	19,67
Rotklee	25,11	2	39,65	3	23,07	2	12,61	4	25,11
Luzerne	19,93	5	40,92	1	20,58	4	13,90	1	23,83
Hafer	**8,71**	**8**	**34,57**	**8**	**9,26**	**7**	**9,90**	8	**15,61**

Tabelle 22a

Varianztabelle der zusammenfassenden Auswertung

Streuungsursache	FG	SQ	MQ	F gegen WW	F gegen Fehler
Blocks	20	922,33			
Versuche (Jahre)	3	19197,64	6399,21	98,84++	
Vorfrüchte	7	1975,07	282,15	4,35++	
WW Jahre × Vorfrüchte	21	1359,56	64,74		3,52++
Fehler	140	2575,80	18,40		

Daraus ist zu ersehen, daß Hafer nach sich selbst schlecht gedeiht; er ist sehr unverträglich. Auch nach Sojabohnen und Brache sind die Erträge mäßig, wogegen nach Leguminosen durchweg höhere Erträge erzielt wurden, und dabei schneiden

Ackerbohnen und Rotklee im Ertragsmittel am besten ab. Es ist zu vermuten, daß die gute Vorfruchtwirkung der Leguminosen auf der Bereitstellung von biologischem Stickstoff beruht. Diese Frage wird zu beantworten sein, wenn die Analysen der Versuchsböden vorliegen.[1] Bald nach der Ernte wurde im dritten Folgejahre der Nematodenbesatz unter Hafer festgestellt, um die Ertragswerte nach dieser Seite hin abzusichern. Die Ergebnisse sind in Tabelle 23 verzeichnet.

Tabelle 23

Nematodenbesatz (*Heterodera avenae* Filip.) im Hafernachbauversuch Mößlitz (Proben vom 26. 10. 1956)

(Mittelwerte aus zwei Zählungen)

Hafer nach	Gesamtzystenzahl in 50 cm² lufttrockener Erde	davon		
		frische Eier	verpilzte Eier	leere Eihüllen oder zerrissene, leere Zysten
Erbsen	14	5	2	7
Ackerbohnen	53	13	4	36
Phaseolusbohnen	27	6	3	18
Sojabohnen	52	20	4	28
Brache	29	9	2	18
Rotklee	61	17	2	42
Luzerne	32	8	4	20
Hafer	49	24	1	24

Ganz klare Beziehungen gehen daraus nicht hervor. Der höchste Besatz von Zysten mit frischen Eiern tritt nach Hafermonokultur und nach Sojabohnen auf. In beiden Fällen sind die Erträge des Jahres 1956 niedrig. Der absolut niedrigste Ertrag ist aber nach Brache bei nur mäßigem Zystenbesatz festgestellt worden. Andererseits werden nach Ackerbohnen und nach Rotklee die höchsten Erträge bei einem relativ hohen Zystenbesatz vermerkt. Das spricht dafür, daß direkte Beziehungen zwischen dem Nematodenbesatz und der Ertragshöhe nicht aufgetreten sind.

Die in Abbildung 6 gegebene graphische Darstellung der Erträge ist besonders aufschlußreich, weil uns sowohl von der Sommergerste als auch vom Hafer Erträge aus Fruchtfolgeversuchen zum Vergleich zur Verfügung stehen.

Bei der Sommergerste ist zu verzeichnen, daß die alternierenden Kulturen mit dem höchsten Ertrag einsetzen, während die Fruchtfolge und die reine Monokultur dicht zusammen liegen. Im zweiten Folgejahr ist die Sommergerste in den Fruchtfolgen am ertragreichsten. Dann übersteigt zuerst die Ertragslinie der Monokultur und schließlich auch die der alternierenden Kulturen den Fruchtfolgeertrag, so daß die Monokultur im dritten, vierten und fünften Folgejahr die höchsten Erträge bringt. Die Ertragsdifferenz zur Fruchtfolge beläuft sich 1958 auf über 10 dt/ha zugunsten der Monokultur. Dieser Befund steht gegen die Ansicht, daß die Sommergerste sehr unverträglich ist und längere Anbaupausen erfordert (KÖNNECKE, 1951, S. 167).

[1] Über die Ergebnisse der Bodenuntersuchungen wird nach Abschluß der Versuche berichtet

Beim Hafer entspricht der Ertragsverlauf uneingeschränkt den Erwartungen. Die Jahresschwankungen betreffen die Erträge der Monokulturen, der alternierenden Kulturen und der Fruchtfolgen in gleicher Weise. Damit ist der entscheidende Einfluß des Vegetationsverlaufes, insonderheit der Witterung, auf die absolute Ertragshöhe überzeugend dargelegt. Im übrigen bestätigt sich die allgemein verbreitete Erkenntnis von der Unverträglichkeit des Hafers. Die Ertragskurve der Monokultur liegt nämlich am tiefsten, ihr ist die der alternierenden Kulturen über geordnet, und beide sind von der Ertragslinie der Fruchtfolgen überlagert, d. h., der Hafer ist dort am ertragreichsten, wo er am seltensten angebaut wird.

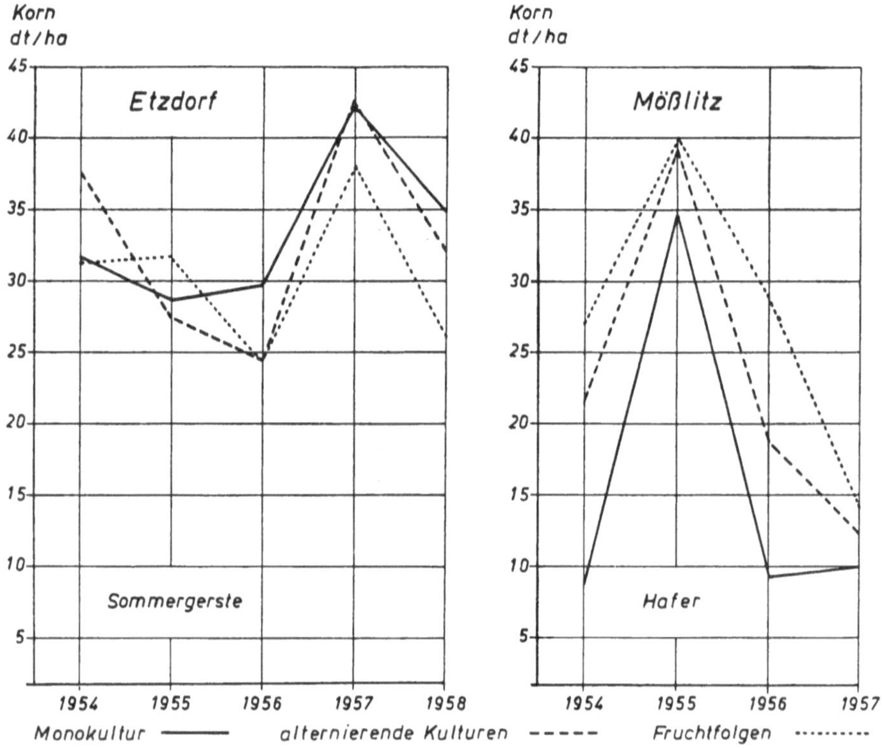

Abb. 6: Getreideerträge beim Anbau in Monokultur, in alternierenden Kulturen und in Fruchtfolgen von 1954 bis 1958

Besprechung der Ergebnisse

Unsere Ansichten über den Vorfruchtwert der landwirtschaftlichen Kulturpflanzen und über ihre Verträglichkeitsbeziehungen sind vielfach aus praktischen Erfahrungen abgeleitet und auch aus Versuchen, denen ursprünglich eine ganz andere Fragestellung, wie die Sortenprüfung (KÖNNECKE, 1951, S. 111), zugrunde gelegen hat. Erst in jüngster Zeit wird diesen Fragen in bedeutender Weise mit Hilfe spezieller Versuchsanstellungen und kritischer statistischer Prüfungen nachgegangen, und dabei stellen sich viele Widersprüche zu den bisherigen Auffassungen heraus. Das ist auch bei den vorliegenden Ergebnissen der Fall. Es zeigt sich, daß beim abwechselnden Nacheinanderbau von Saaterbsen, Ackerbohnen, Phaseolusbohnen, Sojabohnen, Rotklee, Luzerne und Sommergerste bzw. Hafer im ersten Nachbaujahre nur die Saaterbsen (Tabelle 3), die Phaseolusbohnen (Tabelle 9) und die Luzerne (Tabelle 18) vorfruchtbedingte Ertragsunterschiede aufweisen, die sich in den zwei Versuchsorten so weit decken, daß sie auch in der zusammenfassenden Auswertung statistisch gesichert sind. In den übrigen Fällen liegen keine bedeutsamen Ertragsunterschiede vor, oder sie werden von Wechselwirkungen überlagert.

Besonderes Interesse beanspruchen die Ergebnisse aus dem Nacheinanderbau der oben genannten Arten in Monokulturen und in alternierenden Kulturen. Diese Versuche sind in Mößlitz fünf, in Etzdorf sechs Jahre gelaufen, und die Ertragswerte aus vier bzw. fünf Folgejahren werden hier dargestellt. Dabei läßt sich erkennen, daß in fast allen Versuchen signifikante Wechselwirkungen und in allen Versuchen hoch signifikante Jahresschwankungen aufgetreten sind, wogegen sich statistisch belegte Vorfruchteinflüsse nur in vier von insgesamt vierzehn Versuchen nachweisen lassen, nämlich beim Nachbau von Ackerbohnen (Tabelle 8), Rotklee (Tabelle 16), Luzerne (Tabelle 19) und Hafer (Tabelle 22). Es ist bemerkenswert, daß beim Rotklee und bei der Luzerne allein in Etzdorf gesicherte Ertragsunterschiede aufgetreten sind. Die gleichen Versuche haben in Mößlitz nur zufällige Ertragsdifferenzen aufzuweisen. Bei den Ackerbohnen sind die Ertragsunterschiede in Mößlitz gesichert, und in Etzdorf liegen sie innerhalb des statistischen Schwankungsbereiches. Der Hafer wurde nur in Mößlitz geprüft und hat dabei die aus der Praxis bekannte, starke ertragsenkende Wirkung der Monokultur gezeigt.

Das Verhalten der Monokulturen geht aus den Tabellen und graphischen Auswertungen der Erträge hervor. Dort zeigt sich, daß sie bei Saaterbsen und Ackerbohnen ohne Befund geblieben sind. Bei den Phaseolusbohnen ist die Monokultur in den ersten zwei bis drei Jahren günstig, schlägt aber dann in das Gegenteil um (Abbildung 4). Von den Sojabohnen liegen widersprechende Ergebnisse vor, die keine Aussage zulassen. Eine negative Wirkung der Monokultur prägt sich am deutlichsten beim Hafer aus, sie tritt aber auch beim Rotklee und viel schwächer bei der Luzerne auf, somit bei den Arten, die gesicherte Vorfruchteinflüsse im mehrjährigen Nachbau erkennen lassen. Hier machen die Ackerbohnen eine Ausnahme. Es sei aber bemerkt, daß bei ihnen nur in Mößlitz schwach gesicherte Vorfruchtwirkungen im F-Test gegen den gepoolten Fehler zu erkennen sind. Wider Erwarten ist bei der Sommergerste durch die Monokultur eine Ertragssteigerung in den späteren Nachbaujahren eingetreten.

Beachtung verdienen noch die Ertragsverhältnisse nach Monokultur und Brache. Im letzten Fall wird die Monokultur durch einjährige Vollbrache ständig unterbrochen. Bei Saaterbsen, Ackerbohnen, Phaseolusbohnen und Sojabohnen ist die Monokultur ohne Befund geblieben oder in ihrer Wirkungsweise umgeschlagen, und die Ertragsverhältnisse zwischen Monokultur und Brache sind nicht einheitlich. Rotklee und Luzerne verzeichnen bei ungünstiger Monokulturwirkung eine ertragsteigernde Wirkung der Brache. Beim Hafer mildert die Brache den durch die Monokultur bedingten Ertragsabfall nur ganz schwach und liegt selbst erheblich unter den Ertragswerten der anderen Vorfrüchte. Die Sommergerste reagiert auf die Unterbrechung der Monokultur durch Brache mit deutlichem Ertragsabfall, während sich die Monokultur bei ihr günstig auswirkt.

Die dargestellten Versuche weisen ziemlich extreme Versuchsbedingungen auf, weil der von der Lehrmeinung und der Praxis nicht für möglich gehaltene und im allgemeinen auch nicht notwendige, ständige Nacheinanderbau von Leguminosen durchgeführt wird. Das soll nicht für die Praxis empfohlen werden. Es lag uns vielmehr daran, durch die Schaffung extremer Bedingungen unseren Standpunkt zum Verträglichkeitsproblem zu überprüfen.

Da gezeigt werden konnte, daß sich die Vorfruchtwirkung nur in wenigen Fällen gegenüber anderen Wachstumsfaktoren, insbesondere der Jahreswitterung, durchsetzt, scheint bisher eine Überbewertung dieses pflanzenbaulichen Bestimmungsgrundes der Fruchtfolgen vorzuliegen. In Übereinstimmung mit praktischen Erfahrungen sprechen die Ergebnisse unserer Versuche für eine gewisse Veränderlichkeit oder Unbestimmtheit der Vorfruchteinflüsse, die unter der Einwirkung anderer Wachstumsfaktoren ganz verschieden gestaltet werden und deshalb nicht als feste Größen einzusetzen sind. Dabei ist es offenbar von Bedeutung, unter welchen Bedingungen die Rückstände der Vorfrüchte (Wurzeln, Stoppeln, Blätter usw.) abgebaut werden (MÜLLER, 1958). Nachdem selbst in Versuchen mit zeitlich gestaffelten Düngergaben der Entwicklungsgang in beherrschender Weise vom Witterungsverlauf gestaltet wurde (FRIEDRICH, 1957), überrascht es uns nicht, wenn hier in bezug auf die Vorfruchtwirkungen ähnliche Verhältnisse vorliegen.

Man muß sich in Anbetracht dessen der Einschränkungen bewußt sein, die bei der Auswertung von Fruchtfolgeversuchen infolge der bisher üblichen Versuchsmethodik zu machen sind. Wenn solche Versuche nur an einem Ort und mit ungenügender Wiederholungszahl angelegt sind, ist ihre Aussagekraft gering. Vielfach werden Ackerbausysteme miteinander verglichen, die ohnehin nicht direkt in die Praxis zu übertragen sind. Die daraus abgeleiteten Vorfruchtwerte haben aber nur unter den Bedingungen des Standortes und des Anbausystems Gültigkeit und sind zwangsläufig bedeutenden Jahresschwankungen unterworfen. Selbst langjährige Mittelwerte aus solchen Versuchen können nicht aussagen, mit welchen Vorfruchtwirkungen unter ganz speziellen Witterungsbedingungen zu rechnen ist. Lohnt unter solchen Voraussetzungen der derzeitig hohe Aufwand für Fruchtfolgeversuche (Anbausysteme), oder sollte man bemüht sein, Vorfruchtwertprüfungen nach einem einheitlichen Versuchsplan an vielen Orten durchzuführen, um die Verträglichkeitsbeziehungen erst exakt zu bestimmen und ihre Ursachen aufzuklären, was bisher nicht geschehen ist?

Die großen Betriebskomplexe der landwirtschaftlichen Produktionsgenossenschaften drängen zur Spezialisierung. Das führt zu einseitigeren Ackerflächenverhältnissen, und dann folgt der häufigere Wiederanbau der gleichen Pflanzen auf demselben Acker. Deshalb müssen wir über die Verträglichkeitsbeziehungen im einzelnen orientiert sein, damit keine Ertragsminderungen eintreten.

Es wird auch gesagt, daß man die Auswirkungen der Anbausysteme auf die Entwicklung des Bodens in langen Zeiträumen mit Hilfe der Fruchtfolgeversuche prüfen will. Solche Erkenntnisse sind aber nur von Versuchsanlagen mit stark voneinander abweichenden Versuchsgliedern und sehr straffer Versuchsplanung zu erwarten. Im übrigen wissen wir bereits aus vielen statischen Versuchen (BÖHME, 1930; SCHMALFUSS, 1950; KLAPP, 1952; MERKER, 1956 u. a.), daß die Ertragsfähigkeit der Böden selbst unter Monokulturen nur langsam abnimmt und durch Anbausysteme mit mehreren Pflanzen in übersehbaren Zeiträumen nicht beeinträchtigt wird, wenn man das dem Boden Entzogene ersetzt.

Zusammenfassung

Zur Aufklärung der Verträglichkeitsbeziehungen bei Leguminosen wurden auf zwei Standorten der Magdeburger Börde (Etzdorf und Mößlitz) von 1953 bis 1958 Saaterbsen, Ackerbohnen, Phaseolusbohnen, Sojabohnen, Rotklee, Luzerne und Sommergerste bzw. Hafer in Feldversuchen angebaut.

Die Versuche sind so angelegt, daß jede Pflanzenart entweder in Monokultur steht oder mit jeder anderen im gleichen Versuch stehenden Art jährlich im Anbau wechselt (alternierende Kulturen).

Es wurden Vorfruchtwerte, also die Ertragsrelationen des ersten Nachfruchtjahres, und der Ertragsverlauf über die Jahre ermittelt und unter Anwendung der Varianzanalyse statistisch ausgewertet. Die Monokulturen sind den alternierenden Kulturen und zum Teil auch Erträgen aus Fruchtfolgeversuchen gegenübergestellt.

Die Versuche haben ergeben, daß die Erträge des ersten Nachfruchtjahres (Vorfruchtwerte) trotz des gleichen Versuchsplanes in den beiden Versuchsorten wenig übereinstimmen und die zusammenfassende Auswertung nur bei Saaterbsen, Phaseolusbohnen und Luzerne zum Teil gesicherte Vorfruchtwerte anzeigt.

Weiter geht aus den Versuchen hervor, daß die jahresbedingten Ertragsschwankungen viel wesentlicher als der Vorfruchteinfluß sind. Die Wirkungen der Vorfrüchte erweisen sich in den meisten Fällen als außerordentlich labil. Es treten in den einzelnen Folgejahren ganz unterschiedliche Rangfolgen der Vorfruchteignung auf, und deswegen wird der Vorfruchteinfluß in der zusammenfassenden Auswertung sehr oft von Wechselwirkungen überlagert. Von den genannten Arten sind in der Börde nur bei Ackerbohnen, beim Rotklee, bei der Luzerne und beim Hafer und jeweils nur an einem Versuchsort über die gesamte Versuchszeit einzelne gesicherte Vorfruchteinflüsse aufgetreten. Es handelt sich dabei, mit Ausnahme der Ackerbohnen, um die Arten, bei denen die Monokultur vom ersten Folgejahr an ertragsdrückend gewirkt hat.

Bei Phaseolusbohnen schlägt die Monokulturwirkung im zweiten bzw. dritten Folgejahr von günstig zu ungünstig um. Eindeutig ertragsfördernd ist die Monokultur in den späteren Folgejahren bei Sommergerste, und als indifferent erweist sie sich bei Saaterbsen, Ackerbohnen und Sojabohnen.

Auf Grund dieser Ergebnisse werden Bedenken gegen die zur Zeit stark in den Vordergrund getretenen Fruchtfolgeversuche auf der Grundlage von Anbausystemen vorgebracht und begründet. Es wird vorgeschlagen, die kurzfristigen Versuche zur Prüfung des Vorfruchtwertes auszuweiten und mit ihrer Hilfe die Vorfruchtwerte und Verträglichkeitsbeziehungen erst näher zu bestimmen.

Резюме

Для изучения уживчивости бобовых на двух местопроизрастаниях в Магдебургской равнине (Эцдорф и Месслиц) с 1953 по 1958 гг. в полевых опытах возделывались посевной горох, конский боб, фасоль, соя, красный клевер, люцерна и яровой ячмень или овес.

Опыты заложены так, что каждый вид растений выращивается или в монокультуре или же ежегодно чередуется с каждым другим видом того же опыта (альтернирующие культуры).

Установленные показатели ценности предшественника, т. е. урожаи культур возделываемых в первом году после предшественника, а также урожаи в течение всех лет проведения опыта, при помощи вариансного анализа получили статистическую обобщающую оценку. Монокультуры сопоставлены с альтернирующими культурами, а отчасти и с урожаями, полученными в севобоAccording ротных опытах.

Опыты показали, что урожаи в первом году после предшественника (показатели ценности предшественника), несмотря на одну и ту же схему опыта в обоих местах проведения опыта, весьма различны и что сводная оценка дает отчасти достоверные ценностные показатели лишь у посевного гороха, фасоли и люцерны.

Кроме того из опытов можно вывести заключение, что колебания урожаев в различные годы существенно превышают влияние предшественника. Действие предшественников в большинстве случаев является очень неустойчивым. В отдельные годы после предшественника очередность культур по пригодности служить предшественником весьма различная, и поэтому в сводной обобщающей оценке влияние предшественника очень часто перекрывается взаимодействием. В Магдебургской равнине из названных видов лишь у конского боба, красного клевера, люцерны и овса было отмечено достоверное влияние предшественника и в каждом случае только на одном месте опытов в течение всего опытного периода. За исключением конского боба при этом речь идет о таких видах, у которых монокультура, начиная со второго года возделывания, сильно снижает урожай. У фасоля положительное влияние монокультуры второго и третьего года возделывания становится отрицательным. Ясно положительное влияние оказывает монокультура в последующие годы на яровой ячмень; у посевного гороха, конского боба и сои влияния монокультуры не было отмечено.

Используя эти результаты излагаются и обосновываются сомнения в отношении севооборотных опытов, которым в настоящее время уделяют много внимания и которые проводятся на основе систем возделывания. Предлагается повысить число краткосрочных опытов и с их помощью точнее определить ценностные показатели предшественников и их уживчивости.

Summary

From 1953 to 1958 seed peas, broad beans, Phaseolus beans, soy-beans, red clover, lucerne and spring barley resp. oats were grown on two sites of the Magdeburg Börde (Etzdorf and Mößlitz) in order to clarify the relations of compatibility with legumes.

The experiments were arranged thus that each kind of plant was grown either as monoculture or changed annually with each other kind of the same experiment (alternating cultures).

The values of the preceding crop, i. e. the yield relations of the following year of cultivation and the yielding capacity throughout the years were determined and statistically evaluated by using the analysis of variance. Monocultures were compared with alternating cultures and partly also with yields from crop rotation experiments.

The experiments indicated that yields of the following year of cultivation (values of the preceding crop), despite the same experimental arrangement at both experimental places, gave little agreement and that the values of the preceding crop as revealed by summarizing evaluation were only partly secured with seed peas, Phaseolus beans and lucerne.

The experiments further show that the annual variations in yield are of much more importance than the effect of the preceding crop. The effects of the preceding crop were in most cases remarkably labile. The individual following years reveal completely different rankings regarding the suitability of the preceding crop. In the summarizing evaluation the effect of the preceding crop is therefore very often not expressed because of the interrelationships. Of the kinds mentioned, only broad beans, red clover, lucerne and oats showed during the whole experimental period in each case at but one experimental place some secured effects of the preceding crop. With the exception of broad beans, those kinds of plant were concerned the yields of which were greatly depressed by monoculture from the first successive year onwards.

With Phaseolus beans the effect of monoculture changes in the second resp. third year of cultivation from favourable to unfavourable. In later successive years monoculture increased obviously the yield of spring barley; with seed peas, broad beans and soybeans it was found to be indifferent. Because of these results doubts about the at present widely used crop rotation trials on the basis of cultivation systems are stated and proved. The proposal is made that short-term experiments for testing the value of the preceding crop should be extended and used for determining more exactly the values of the preceding crop and relations of compatibility.

Literaturverzeichnis

1. BEHRENS, W. U.: Der Durchschnitt der Prüfgliedmittelwerte als Bezugsgröße. Z. Acker- u. Pflanzenbau 1955, **99**, 397–402
2. BERKNER, F.: Zur Frage der Verträglichkeit einiger Leguminosen untereinander und mit sich selbst. Pflanzenbau 1936, **13**, 120–128
3. BÖHME, R. W.: Die Dauer der Ertragsfähigkeit der Böden unter verschiedenen Anbausystemen. Kühn-Arch. 1930, **26**, 47–412
4. FRIEDRICH, H.: Die Nährstoffversorgung der Pflanzen — ein dynamisches Problem? Z. Acker- u. Pflanzenbau 1957, **103**, 233–272
5. KLAPP, E.: Über die Bodenfruchtbarkeit im Lichte unserer Erfahrungen. Vorträge der 6. Hochschultagung der Landwirtschaftlichen Fakultät der Universität Bonn-Poppelsdorf vom 11.–17. 9. 1952. 1952, 111–132
6. KONOLD, O.: Die Selbstverträglichkeit der Leguminosen in der Fruchtfolge. Georgine 1931, **108**, 631
7. KÖNNECKE, G.: Ertragssteigerung und Erhaltung der Bodenfruchtbarkeit durch Umstellung von Fruchtfolgen. Kühn-Arch. 1951, **64**, 106–224
8. KÖNNECKE, G.: Lehrbriefe für das Fernstudium Ackerbau. 1956, **2**, 13, Karl-Marx-Univ. Leipzig
9. MERKER, J.: Untersuchungen an den Ernten und den Böden des Versuches „Ewiger Roggenbau" von Julius Kühn. Kühn-Arch. 1955, **70**, 153–215

10. MUDRA, A.: Statistische Methoden für landwirtschaftliche Versuche. 1958, Berlin u. Hamburg, Verl. Parey
11. MÜLLER, P.: Untersuchungen über die Verträglichkeitsbeziehungen bei Leguminosen und Hafer unter besonderer Berücksichtigung der Wurzelrückstände. 1958, Diss. Univ. Halle/S.
12. ROEMER, Th., und F. SCHEFFER: Lehrbuch des Ackerbaues. 1953, 4. Aufl., Berlin u. Hamburg, Verl. Paray
13. RUNDFELDT, H.: Über die Vorteile einer erweiterten Auswertung von Feldversuchen. Arb. Dt. Landwirtsch.-Ges. 1957, **44**, 97–118
14. SCHMALFUSS, K.: Siebzig Jahre „Ewiger Roggenbau“. Kühn-Arch. 1950, **63**, 1–14

Aus dem Institut für Acker- und Pflanzenbau der Martin-Luther-Universität Halle-Wittenberg
(Direktor: Prof. Dr. G. KÖNNECKE)

D. EBERT

Ein Beitrag zur Frage der Ausreife bei Silomais

Eingegangen: 9. 8. 1960

Aufgabenstellung

Wenn aus Maispflanzen eine brauchbare Silage erzeugt werden soll, so müssen die Bestände zum Zeitpunkt der Silierung die Milch-Wachs-Reife, zumindest aber die Dickmilchreife erreicht haben (LÜDDECKE, 1958, 1960). Weiterhin muß aus Gründen der betriebswirtschaftlichen Risikoverringerung gefordert werden, daß die Wahrscheinlichkeit des Eintretens der erwähnten Reifestadien im Mittel der Jahre möglichst groß ist. Erkennt man die Bedeutung der Reifezeit für den wirtschaftlichen Erfolg des Silomaisanbaues an, so erhebt sich die Frage, ob unter den ökologischen Bedingungen der Deutschen Demokratischen Republik in allen Gebieten ähnliche Voraussetzungen zur Ausreife des Maises vorliegen oder ob eine Differenzierung und damit eine Rayonierung nach Anbauform und Reifetyp notwendig wird. Dieser für die Praxis des Maisanbaues wichtigen Frage soll im folgenden nachgegangen werden.

Methodik

Den Untersuchungen liegen die Ergebnisse der einschlägigen Sortenwertprüfungen der Jahre 1953 bis 1958 sowie eine große Anzahl von Praxisversuchen der Sektion Landwirtschaftliches Versuchs- und Untersuchungswesen der Deutschen Akademie der Landwirtschaftswissenschaften zu Berlin aus dem Zeitraum von 1957—1959 zugrunde. Zur näheren Betrachtung wurden zwei Sorten herangezogen, die einmal gegenwärtig eine starke Anbauverbreitung besitzen und andererseits einen bestimmten Reifetyp gut charakterisieren:

1. „Schindelmeiser" (DDR) als mittelfrüh reifende Sorte; ein Typ, den man reifemäßig unter Beachtung verbesserter Masseleistung züchterisch anstreben sollte, sowie
2. „WIR 25" (UdSSR) als mittelspäter Reifetyp, der nur in relativ günstigen Lagen Bedeutung als sicher ausreifender Silomais besitzt.

Insgesamt konnten 434 exakte Feldversuchsergebnisse von 160 Standorten bearbeitet werden.

Als Kriterium für die Einschätzung der örtlich gegebenen Anbaubedingungen wurde die Zeitspanne von der Aussaat bis zum Beginn des Fahnenschiebens — im folgenden kurz als vegetative Phase bezeichnet — benutzt. Veranlassung für diese Art der Ermittlung der Vegetationszeit war die Tatsache, daß einerseits in den meisten Versuchen der Prüfjahre die Milch-Wachs-Reife nicht erreicht wurde und daß andererseits die Bonitierungsangaben des zur Ernte vorhandenen Reifezustandes erfahrungsgemäß sehr subjektiv und verschwommen auszufallen pflegen.

Aus Untersuchungen von OBERDORF und MÜLLER (1957) sowie GÖRLITZ und SPECHT (1959) ist aber bekannt, daß der Termin des Fahnenschiebens beim Mais als phänologische Erscheinung im starken Maße mit dem Termin der Reife korreliert ist. Es ist somit möglich, aus der Länge der vegetativen Phase auf den erreichbaren Reifezustand zu schließen.

Vegetative Phase und Reifegrad

Um die angeführten Zusammenhänge zwischen vegetativer Phase und Reifegrad am vorliegenden Material quantitativ nachzuprüfen, wurden in dieser Hinsicht 61 Sortenwertprüfungen mit Körnermais untersucht.

Tabelle 1
Anteil der vegetativen Phase an der gesamten Vegetationszeit von Körnermais (Sorte „Schindelmeiser")

Jahr	Anzahl der Versuche	Vegetative Phase		Schwankungsbreite	
		in Tagen	in %	Tage	%
1	2	3	4	5	6
1953	6	76	54	64– 82	46–58
1954	7	79	48	71– 88	45–50
1955	12	89	54	70–111	47–60
1956	10	85	49	69–104	40–54
1957	12	79	47	72– 83	44–52
1958	14	83	54	73– 90	49–56
1953–58	61	83	51	–	–

Im langjährigen Mittel betrug der Zeitraum von der Aussaat bis zum Fahnenerscheinen 83 Tage; dies sind rund 51% der gesamten Vegetationszeit. Die Keimzeit (Aussaat bis Aufgang) liegt im Mittel bei 21 Tagen. Die Jahresschwankungen der vegetativen Phase sind relativ gering und betragen nicht mehr als ± 7% vom langjährigen Mittel. Die Abweichungen von Ort zu Ort — ausgedrückt als Schwankungsbreite — sind dagegen relativ groß. Bedingt durch unterschiedliche Aussaattermine und andere sehr verschieden gestaltete Wachstumsbedingungen laufen vor allem die absoluten Werte sehr stark auseinander. Wesentlich geringer werden jedoch die Schwankungen, wenn die vegetative Phase in Zusammenhang mit der gesamten Vegetationszeit gebracht wird, wie dies in Spalte 6 der Tabelle 1 sichtbar wird. Man kann aus dieser Beobachtung den Schluß ziehen, daß die örtlich gegebenen Umweltverhältnisse — soweit sie sich in bestimmten Grenzen halten — die Entwicklungsabschnitte der Maispflanze in ihrer Relation zueinander nur geringfügig beeinflussen.

Für die Fragestellung ist demnach festzuhalten, daß die vegetative Phase bei der Maissorte „Schindelmeiser" rund 51% des gesamten Vegetationsgeschehens ausmacht. Nach eingehenden Vergleichen und unter Beachtung praktischer Erfahrungen tritt der Mais im langjährigen Durchschnitt etwa 18 Tage vor der Körnerreife in das Stadium der Milch-Wachs-Reife ein. Demnach verändert sich der Anteil der vegetativen Phase auf 57%, bezogen auf die Zeitspanne von der Aussaat bis zur Milch-Wachs-Reife.

Für die zweite Testsorte der Untersuchung —„WIR 25"— muß notgedrungen die gleiche Relation der vegetativen Phase wie bei „Schindelmeiser" unterstellt werden, da eine zahlenmäßige Festlegung der Vegetationsdauer wegen der späten Ausreife dieser Sorte nicht möglich war.

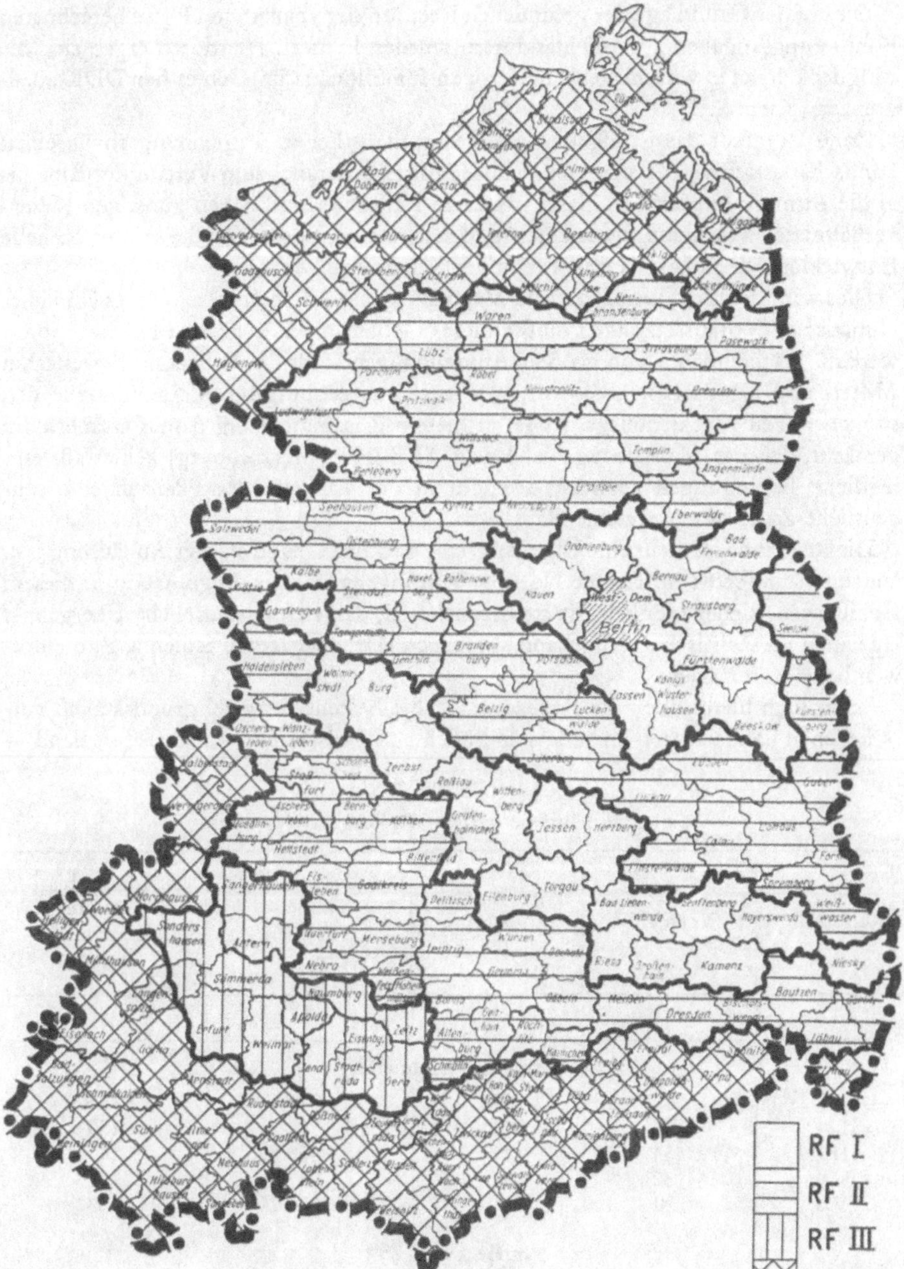

Karte der Anbaugebiete I—IV mit Reifezonen

Reifezonen im Silomaisbau

Die auf der Grundlage der gefundenen Relation der vegetativen Phase berechneten Bonitierungsangaben aus 160 Standorten wurden kartiert. Hierdurch ergab sich die Möglichkeit, vier verschiedene Reifezonen für Silomais im Gebiet der DDR abzugrenzen (Karte S. 67).

Zone I umfaßt das Sandgebiet um Berlin in östlicher Ausdehnung sowie einen Landschaftsstreifen, der sich von der Niederlausitz parallel zum Verlauf der Elbe bis in die Altmark hinzieht. In dieser frühesten Reifezone sind neben günstigen Klimaverhältnissen vor allem die leichten und teils armen Böden für die relativ schnelle Entwicklung der Maispflanzen verantwortlich zu machen.

Dies wird deutlich, wenn man die Magdeburger Börde betrachtet. Trotz ähnlicher klimatischer Voraussetzungen mußte dieses Gebiet in die Reifezone II eingruppiert werden. Flächenmäßig von größter Ausdehnung umfaßt die Reifezone II weiterhin Mittel- und Nordsachsen, die Altmark, den Brandenburgischen Raum sowie den südlichen Teil Mecklenburgs. Es sei in diesem Zusammenhang darauf aufmerksam gemacht, daß das Maisanbaugebiet I nach SPECHT (Mecklenburg) keinesfalls einheitliche Bedingungen aufweist, sondern in der Ausreife der Pflanzen eine sehr deutliche Zweiteilung erkennen läßt.

Die Reifezone III stellt eine Übergangslage dar. Auf Grund starker Anhäufung von Versuchsstandorten im Raume Nordost-Thüringens war die Abgrenzung in diesem Gebiete sehr sicher möglich. Es ist anzunehmen, daß sich eine ähnliche Übergangslage auch im sächsischen Hügelland abgrenzen läßt, aber hierzu fehlen z. Z. die notwendigen Unterlagen.

Schließlich bleibt noch die Reifezone IV. Sie besteht aus zwei grundsätzlich verschiedenen Landschaften im äußersten Süden und Südwesten — dem Gebirgsland —

Tabelle 2

Anbauverhältnisse in den 4 Reifezonen des Maises

Reifezone	Versuche	Orte	Aussaat bis Fahnenschieben Tage	Aussaat bis Siloreife (errechnet) Tage
1	2	3	4	5
		Sorte „Schindelmeiser"		
I	30	12	71	125
II	121	38	79	139
III	54	13	82	144
IVa	32	12	86	151
IVb	20	9	87	153
		Sorte „WIR 25"		
I	30	15	81	142
II	62	23	87	153
III	31	12	89	156
IVa	24	10	94	165
IVb	30	16	93	163

und im äußersten Norden — dem von der Ostsee klimatisch beeinflußten Nord-Mecklenburg. Es ist erstaunlich, wie der Entwicklungsrhythmus der Testpflanze Mais in beiden rund 500 km voneinander entfernt liegenden Landschaften einen so einheitlichen Verlauf nimmt.

Bestätigt wird diese Feststellung, wenn man sich vom Kartenbild löst und an Hand der vorstehenden Tabelle 2 zahlenmäßige Vergleiche anstellt.

Neben den Angaben über Zahl der jeweiligen Versuche und Standorte enthält die Tabelle in den Spalten 4 und 5 die Zeitspanne der vegetativen Phase bzw. der gesamten Vegetationszeit. Gerade durch die letztere Angabe lassen sich die Abstufungen von Reifezone zu Reifezone sehr gut erkennen. Sehr deutlich hebt sich das Frühgebiet (Reifezone I) ab; andererseits wird die Gleichstellung von Nord-Mecklenburg (Gebiet IV a) und Gebirgsland (Gebiet IV b) im Hinblick auf die Reifeverhältnisse beim Silomais deutlich. Bemerkenswert ist noch, daß „WIR 25" durchweg 14 Tage später als „Schindelmeiser" seine Siloreife erreicht.

Inwieweit die Berechtigung zur Abgrenzung der 4 Reifezonen besteht, läßt sich auch an Hand typischer meteorologischer Daten nachweisen. In der nachfolgenden Tabelle sind die mittlere Jahrestemperatur und die Wärmesumme der Monate April bis Oktober aufgeführt, beide Angaben als langjähriges Mittel 1881—1930 dem Tabellenwerk der Klimakunde (1939) entnommen bzw. daraus berechnet.

Tabelle 3

Temperaturverhältnisse in den Reifezonen (1881—1930)

Reifezone	Zahl der Stationen	Mittlere Jahrestemperatur °C	Wärmesumme April bis Oktober °C
I	12	8,6	2410
II	12	8,5	2380
III	7	8,3	2330
IVa	8	7,8	2210
IVb	8	7,7	2210

Recht eindeutig lassen sich die Temperaturwerte mit dem Vegetationsgeschehen des Maises in Parallele bringen. Bemerkenswert ist auch, daß sich innerhalb der Reifezone IV zwischen Nord-Mecklenburg und den Gebirgslagen keine grundlegenden Temperaturunterschiede zeigen. Dies deutet darauf hin, daß der Mais in seiner Entwicklung weitgehend von der Gestaltung des Temperaturverhältnisses abhängig ist, wie dies u. a. auch KLAPP (1951) erwähnt.

Schlußfolgerung

Die Untersuchungen weisen mit aller Deutlichkeit darauf hin, daß auch im Gebiet der DDR eine Differenzierung im Silomaisanbau erfolgen muß, wenn eine sichere Ausreife der Pflanzen mit Rücksicht auf die Silagequalität erreicht werden soll. Diese Differenzierung kann auf verschiedenen Wegen erfolgen.

Von seiten der Züchtung und Sortenstreuung muß angestrebt werden, die frühreifenden Maistypen in den Reifezonen III und IV zum Anbau zu bringen. Andererseits dürfte sich in der Reifezone I ein Gebiet herausschälen, das für den Körnermaisbau bzw. für die Vermehrung von Silomaissorten geeignet ist.

Eine weitere Möglichkeit der Differenzierung besteht in der Wahl der geeignetsten Anbau- und Nutzungsformen. So kann man vom pflanzenbaulichen Standpunkt in der Reifezone I uneingeschränkt den Silomaisanbau und — wie schon erwähnt — auch in bestimmtem Maße den Körnermaisbau empfehlen. Auch das große Areal der Reifezone II eignet sich klimatisch zum Silomaisbau. In der Übergangszone III wird die Fläche des anbausicheren Silomaises aber schon durch das ausreichende Angebot an frühreifen Sorten sowie durch das Vorhandensein klimatisch und bodenmäßig günstiger Feldlagen bestimmt. Es beginnt der Grünmais bedeutsam zu werden.

Voller Probleme steckt der Maisanbau in der Reifezone IV. Bedingung für einen wirtschaftlichen Anbau von Silomais in diesen Landschaften ist unbedingt die Bereitstellung einer frühreifenden Sorte mit gleichzeitig besten Masseleistungen. Andererseits ist es in diesen Gebieten mit einem relativ ungünstigen „Maisklima" angebracht, nicht nur über den Maisanbau allein, sondern in Gemeinschaft von Mais und anderen ertragreichen Futterpflanzen zu einer optimalen Futterproduktion zu gelangen.

Schließlich können die reifebestimmenden Faktoren durch die Wahl der Aussaattermine beeinflußt werden. In Reifezonen mit ungünstigen Klimaverhältnissen sollte deshalb dem Aussaattermin besondere Beachtung geschenkt werden. Für die von uns mitgeteilten Zahlen ist an dieser Stelle zu vermerken, daß etwa 70% aller zur Berechnung herangezogenen Feldversuche bis zum 10. Mai ausgesät worden sind. Dies bedeutet, daß es sich im wesentlichen um Silomaisbestände in Hauptfruchtstellung gehandelt hat, was bei der Übertragung der Zahlen auf die Verhältnisse der Praxis beachtet werden muß.

Abschließend läßt sich feststellen, daß nicht dieser oder jener Weg zu einer gerechten Differenzierung im Maisanbau führen kann, sondern die sinnvolle Verknüpfung aller pflanzenbaulich gegebenen Möglichkeiten. Nicht zuletzt aber werden im Einzelbetrieb die spezifischen betriebswirtschaftlichen Belange nicht ohne Bedeutung sein.

Zusammenfassung

Auf der Grundlage von 434 Feldversuchsbonituren wird nachgewiesen:

1. Es besteht beim Mais ein relativ konstantes Verhältnis zwischen Länge der vegetativen Phase und Länge der Vegetationszeit.
2. Auf dem Gebiet der DDR lassen sich deutlich 4 Reifezonen für den Mais abgrenzen.
3. Es ergibt sich daraus die Notwendigkeit, den Maisanbau nach verschiedenen Gesichtspunkten zu differenzieren, wenn eine optimale Futterproduktion erreicht werden soll.

Резюме

На основе бонитировки 434 полевых опытов доказывается:

1. У кукурузы существует относительно постоянное соотношение между продолжительностью вегетативной фазы и продолжительностью вегетационного периода.

2. На территории ГДР можно четно разграничить 4 зоны созревания кукурузы.
3. Из этого вытекает необходимость дифференцировать возделывание кукурузы по разным точкам зрения, если нужно добиться оптимального кормопроизводства.

Summary

On the basis of 343 field trial assessments the following could be proved:

1. Between the length of the vegetative phase and the lenght of the growing season of maize there is a relatively constant relationship.
2. For the region of the German Democratic Republic four maize ripening zones can obviously be delimited.
3. Thus it is necessary to differentiate maize growing according to different points of view if an optimum forage production is to be achieved.

Literaturverzeichnis

GÖRLITZ, H., u. G. SPECHT: Untersuchungen über Entwicklungsrhythmus, Ertragsbildung und Qualitätseigenschaften des Silomaises in Beziehung zu den Reifegruppen. Z. landwirtsch. Versuchs- u. Untersuchungswes. 1959, **5**, 530–555

KLAPP, E.: Lehrbuch des Acker- und Pflanzenbaues. 1951, Berlin

Klimakunde des Deutschen Reiches. 1939, Bd. II, 1–10

LÜDDECKE, F.: Welche Faktoren beeinflussen die Qualität und den Nährstoffgehalt der Maissilage? Dt. Landwirtsch. 1958, **9**, 428–435

LÜDDECKE, F.: Der Einfluß der Saatzeit des Silomaises auf die Qualität und den Nährstoffgehalt der Maissilagen. Dt. Landwirtsch. 1960, **11**, 226–228

OBERDORF, F., u. H. W. MÜLLER: Beiträge zur Maiszüchtung. Züchter 1957, **27**, 239–244

Autorreferate demnächst erscheinender Arbeiten [1]

Aus dem Institut für Angewandte Bodenkunde und Bodenmelioration der Universität Greifswald
(Direktor: Prof. Dr. H. JANERT)

Cl.-R. GÄTKE

Über die Bestimmung des Wassergehaltes von Bodenproben mittels Carbid

Durch vergleichende Wassergehaltsbestimmungen an Bodenproben nach dem Calciumcarbidverfahren und nach dem Trockenschrankverfahren werden die optimalen Reaktionsbedingungen für die Untersuchung naturfeuchter und lufttrockener Bodenproben mittels Carbid festgelegt. Die Untersuchungsergebnisse zeigen, daß Wassergehaltsbestimmungen nach dem Carbidverfahren mit einer für praktische Zwecke ausreichenden Genauigkeit in kurzer Zeit auch unter Feldbedingungen ausgeführt werden können. Zur Durchführung des Verfahrens wird eine einfache Untersuchungsapparatur beschrieben.

Aus dem Institut für Bodenkunde der Humboldt-Universität zu Berlin
(Direktor: Prof. Dr. agr. habil. E. PLACHY)

G. RINNO und H. PAGEL

Über die Beziehungen zwischen den Parametern „A“ und „c“ im „Wirkungsgesetz“ von MITSCHERLICH

Aus zweijährigen Gefäßversuchen mit Hohenbockaer Glassand werden die c- und A-Werte der Exponentialfunktion von MITSCHERLICH $y = A(1-10^{-cx})$ bestimmt. Diese Parameter werden nach zwei Näherungsverfahren berechnet. In den Versuchen war jeweils NP und K bei unterschiedlicher Grunddüngung gesteigert worden. An Hand der Erträge konnte somit die Änderung der Parameter c und A in der Exponentialfunktion ermittelt werden. Die Ergebnisse zeigen, daß mit Aufbesserung der Grunddüngung nur der Wirkungswert des Stickstoffs systematisch kleiner wird, so daß die Beziehung $c \cdot A = K$ erfüllt ist. Bei Kali und Phosphorsäure zeigen sich andere Verhältnisse, für die auch die umfassendere „Regel der Konstantenverschiebung“ von RIPPEL nicht immer zutrifft. Auch unter „optimalen“ Wachstumsbedingungen hat der Wirkungswert eines Nährstoffes nicht einen annähernd konstanten Grenzwert. Selbst unter diesen Bedingungen werden Wirkungswerte für die drei Hauptnährstoffe berechnet, die wesentlich kleiner sind als von MITSCHERLICH angegeben wurde und Unterschiede in den beiden Versuchsjahren zeigen. Bei gleichzeitiger Steigerung mehrerer Nährstoffe wird die Ertragskurve gestreckter und nähert sich einer Geraden.

Aus dem Institut für Acker- und Pflanzenbau Müncheberg der Deutschen Akademie der Landwirtschaftswissenschaften zu Berlin
(Direktor: Prof. Dr. habil. E. Rübensam)

P. MÜLLER

Über die Verträglichkeit ackerbaulich genutzter Leguminosen

II. Untersuchungen an den Ernten des Nachbaues von sechsjähriger Brache und sechsjährigen Monokulturen

Die weitere Entwicklung der Fruchtfolgen ist zu einer Frage der Grundlagenforschung geworden, nachdem die auf Anbausysteme gegründeten Rotationsversuche keinen neuen Lösungswege zur Aufklärung der pflanzenbaulichen Bestimmungsgründe bieten, aber sehr nützliches Material für spezielle Untersuchungen liefern.

[1] Sämtliche hier referierten Arbeiten erscheinen ausführlich in einem der nächsten Hefte dieser Zeitschrift.

Da bedeutsame Ertragsunterschiede vor allem durch die verschiedenen Vorratsmengen der Nährstoffe und ihre Verwertbarkeit entstehen, wurden mit Böden von sechsjähriger Brache und ebenso alten Monokulturen Gefäßversuche durchgeführt, die über die Beeinflussung vorfruchtbedingter Ertragsunterschiede („Vorfruchtwerte") durch Düngergaben aussagen sollen. Die Düngung war differenziert in: ungedüngt, Kalkdüngung, Mineralstoffdüngung, Stickstoffdüngung und Volldüngung. Als Versuchspflanze diente Hafer.

Die Erträge an Korn und Stroh zeigen, daß man selten vorfruchtspezifische Reaktionsweisen findet, welche die Ursache der mit „Unverträglichkeit" begründeten Mindererträge sein könnten. Dagegen sprechen die relativen Wurzelerträge empfindlicher auf Vorfruchtwirkungen an. Diese Erscheinung hat der Verfasser schon an anderer Stelle als eine Reaktion auf die Abbauprodukte der Wurzelrückstände beschrieben. — In der Regel lassen sich die Unterschiede der Korn- und Stroherträge zwanglos als Düngungswirkung deuten, und auch bei den Wurzeln sind die Wirkungen der Nährstoffe stärker als der Vorfruchteinfluß.

Es hat sich gezeigt, daß auf dem verwendeten Lößboden durch Gaben von Kalk, Kali und Phosphorsäure kein Ertragszuwachs und auch keine Verschiebungen in der Rangfolge der Vorfrüchte eingetreten sind. Stickstoff bewirkt schon allein einen erheblichen Mehrertrag und gleicht dabei vorfruchtbedingte Ertragsunterschiede weitgehend aus. Diese Tendenz setzt sich bei Volldüngung weiter fort. Da an anderer Stelle ähnliche Teilergebnisse aus Feldversuchen vorliegen, wird die generelle Deutung vorfruchtbedingter Mindererträge als „Unverträglichkeit" für problematisch angesehen.

Aus dem Institut für Angewandte Bodenkunde und Bodenmelioration der Universität Greifswald
(Direktor: Prof. Dr. H. JANERT)

H. KRETSCHMER

Über die Zersetzung von Chlorat-Herbiziden in Grabenschlamm

Je 500 g zweier Grabenschlammherkünfte (pH 6,0 und 6,3) wurden mit je 250 mg der Chlorat-Herbizide Anforstan, Agrosan und Wegerein vermischt und nach 1, 2, 4, 8 und 16 Stunden sowie nach 2, 5, 10, 20, 40 und 60 Tagen auf ClO_3 untersucht. Der ClO_3-Abbau nahm nach 5 Tagen deutlich nachweisbare Formen an (ca. 5% der gegebenen ClO_3-Menge waren abgebaut). Nach 60 Tagen waren bei Anforstan noch 37%, bei Agrosan noch 6% und bei Wegerein noch 22% der gegebenen ClO_3-Menge im Grabenschlamm vorhanden.

Aus dem Institut für Gartenbau Großbeeren der Deutschen Akademie der Landwirtschaftswissenschaften zu Berlin
(Direktor: Prof. Dr. J. REINHOLD)

F. GÖHLER und M. BECKER

Die serienmäßige komplexometrische Bestimmung von Calcium in Böden und Pflanzenaschen

Es wird eine komplexometrische Methode beschrieben, die zur serienmäßigen Bestimmung von Calcium in Böden und Pflanzensubstanz geeignet ist. Die Endpunktsanzeige der Titration erfolgt bei der Verwendung von Murexid als Indikator mit einem Titrierphotometer nach WALLRAF. Störendes Eisen und Mangan werden mit Triäthanolamin, Kupfer und Zink mit Kaliumcyanid maskiert. Die ebenfalls störenden Phosphationen werden in Austauschersäulen an den Anionenaustauscher Wofatit L 150 gebunden (Cl-Form). In Kontrolluntersuchungen wurden keine größeren Abweichungen als 1% ermittelt.

Arbeitsvorschrift: 5 g lufttrockener Boden (bei stark torfhaltigen Böden 2 g) bzw. 2 g trockene Pflanzensubstanz werden bei 500 bis 600 °C verascht. Die Bodenasche wird mit 5 ml, die Pflanzenasche mit 2,5 ml verdünnter Salpetersäure (1 Teil Säure + 2 Teile Wasser) aufgenommen, filtriert und auf 100 ml mit Wasser aufgefüllt. 20 ml der Aschelösung werden auf 30 cm lange und 1,9 cm breite Austauschersäulen gegeben, die mit Wofatit L 150 p. a. (Cl-Form) gefüllt sind. Nachdem die Lösung langsam in 250-ml-Bechergläser durchgetropft ist (ca. 1 Tropfen pro Sekunde), wird mit 100 ml Wasser in mehreren Anteilen nachgewaschen. Zur erhaltenen Untersuchungslösung gibt man in der angegebenen Reihenfolge aus Kippipetten zu: 5 ml 4%ige Kaliumcyanid-Lösung, 2,5 ml 10%ige Triäthanolamin-Lösung, 5 ml 10%ige Kaliumhydroxyd-Lösung und ca. 0,3 g Murexid-Indikatorgemisch (2 g Muredid + 100 g Natriumsulfat). Die Untersuchungslösung wird auf ein Volumen von ca. 150 ml gebracht und im Titrierphotometer mit 0,01 m Komplexon-Lösung bis zur Blaufärbung titriert. Das Titrierphotometer ist mit einem Metallinterferenzfilter (Zeiss I 62 1 A, maximale Durchlässigkeit bei 620 nm) ausgerüstet und gestattet die Messung eines Photostromes, der mit zunehmender Blaufärbung der Lösung stetig geringer wird und beim Endpunkt der Titration ein Minimum erreicht. Um Verunreinigungen der verwendeten Chemikalien zu eleminieren, ist es erforderlich, zu jeder Serie einen Blindwert zu bestimmen. Die Austauschersäulen müssen bei der Untersuchung von Böden nach 4 Durchläufen, bei der Untersuchung von Pflanzensubstanz nach 8 Durchläufen mit 250 ml 15%iger Natriumchlorid-Lösung regeneriert werden.

Aus dem Institut für Angewandte Bodenkunde und Bodenmelioration der Universität Greifswald
(Direktor: Prof. Dr. H. JANERT)

Cl.-R. GÄTKE

Untersuchungen zur substanztypischen Humusextraktion

Unterschiedliche Extraktionsbedingungen bei der Isolierung von Huminsäuren aus Ackerböden führten zu dem Ergebnis, daß die Farbeigenschaft des isolierten Materials in wesentlichem Maße durch die Alkalität und die Temperatur der Extraktionslösung beeinflußt wird. Die Kennzeichnung der Farbeigenschaft wurde mittels des Farbton- und Farbwertes vorgenommen. Die Untersuchungen ergaben im einzelnen:

1. Nach der Extraktion mittels 7,5% Na_2CO_3 bei Siedetemperatur stehen die Farbton- und Farbwerte in mathematisch formulierbarer Beziehung zueinander. Hohen Farbtonwerten entsprechen niedrige Farbwerte.
2. Schonende Extraktion mittels NaOH nach Entfernung der Alkali- und Erdalkaliionen durch n/100 H_2SO_4 bei Zimmertemperatur ergibt Huminsäuren sehr gleichartiger Farbton- und Farbwerte, die den sonst im allgemeinen aus Schwarzerde isolierbaren entsprechen.
3. Die in mineralischer Bindung vorliegenden Huminsäuren können vom Mineralkern bei höherer Alkalität größtenteils abgetrennt werden. Dieser Vorgang wird durch die Einwirkung der NaOH bei Siedetemperatur noch verstärkt.
4. Unterschiede der nicht mineralischen und der mineralisch gebundenen Huminsäuren konnten mittels des Farbton- und des Farbwertes nicht nachgewiesen werden.
5. An einem Modellversuch wird demonstriert, daß in den Huminsäureextrakt durch höhere Alkalität der Extraktionslösung und vor allem durch die Extraktion bei Siedetemperatur Produkte gelangen, die aus den im Rotteprozeß befindlichen organischen Substanzen gelöst werden.
6. Im Huminsäureextrakt befindliches organisches Material, das aus den Rottesubstanzen während der Extraktion gelöst wurde, läßt sich durch Säureumfällung nur mangelhaft von den Huminsäuren abtrennen.

MIX
Papier | Fördert gute Waldnutzung
FSC® C083411

Zeitfracht Medien GmbH
Ferdinand-Jühlke-Straße 7
99095 Erfurt, Deutschland
produktsicherheit@kolibri360.de